몬테소리
자연과 놀이

아이와 자연이 교감하는 관찰 활동

몬테소리
자연과 놀이

키아라 피로디

김문주 옮김

파이어스톤

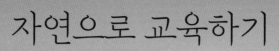
자연으로 교육하기

자연은 삶에서 없어서는 안 되는 부분입니다. 우리 인간은 본질적으로 자연과 연결돼 있습니다. 그러나 우리는 자연을 일상과 연결 짓거나 자연의 가치를 인정하는 일이 드뭅니다. 특히 아이들을 가르치는 교육과정에서는 더욱 그렇습니다.

반면에 몬테소리 교육에서 자연은 굉장히 중요한 역할을 맡고 있습니다.

마리아 몬테소리는 특정 목적으로 만들어진 책이나 그림 등의 물건이 아니면 아이들이 자연을 잘 모른 채 살아가고 있다고 지적합니다. 아이들은 발바닥으로 느껴지는 흙이나 얼굴로 떨어지는 빗방울, 두 손에 움켜쥔 모래, 젖은 나뭇잎의 냄새, 햇볕에 달궈진 돌멩이의 따스함 등을 직접적으로 경험할 기회가 거의 없습니다. 몬테소리는 그로 인해 아이들의 발달 잠재력이 저하된다고 보았습니다. 아이들을 한정된 공간으로 몰아넣은 뒤, 그 호기심 넘치는 영혼과 그에 못지않게 중요한 아이들의 움직이고 싶은 욕구를 제한해버리니까요.

이 시대의 아이들은 자연에서 뚝 떨어져 살고 있습니다. 자연에서 살고 있는 수많은 것들을 접하거나 그 현상을 직접 경험할 수 있는 기회가 거의 없지요. 오늘날 아이들은 작은 모래놀이 상자 안에서 모래에 익숙해지고, 채소와 과일들은 원래 접시 위에서 자라난 것인 양 생각합니다. 아이들이 야외에서 보내는 유일한 시간이라고 해봤자 도시 한가운데에 자리한 놀이터에서 자동차들이 빵빵거리는 소음과 음식점에서 풍기는 냄새들에 둘러싸여 있기 십상입니다.

그렇기 때문에 이 책은 아이들이 집 밖에 있는 세상을 탐구하고 싶은 호기심을 자극하려고 만들어졌습니다. 또한 다양한 유형과 난이도, 목표를 가진 놀이와 활동을 포함하고 있습니다. 이 모든 활동은 아이들을 대자연의 품으로 되돌려 보낼 수 있는 여러 가지 아이디어를 제시합니다. 대자연은 때론 함께 즐거운 시간을 보낼 수 있는 친구가 되고, 또 가끔은 가르침을 주는 스승이 되어주며, 때로는 돌봐줘야 할 작은 생명이 되기도 합니다.

이 책에 나오는 활동을 하나하나 해나갈수록, 자연의 세계에서 아이들이 자유롭게 실제 경험하면서 얼마나 자연스럽게 인지능력과 정서능력 그리고 손의 조작능력을 발전시킬 수 있는지 깨닫게 될 것입니다.

차례

자연 속에서 움직이기 • 94

살아있는 생명 돌보기 • 114

자연에서 발견하기 • 136

제1장

몬테소리
교육법

마리아 몬테소리와 혁신적인 교수법

마리아 몬테소리는 1870년 8월 31일 이탈리아 안코나 지방의 키아라발레에서 천주교를 믿는 중산층 가정에서 태어났습니다. 몬테소리는 피렌체와 로마를 오가며 유년시절을 보냈고, 로마에서 과학을 공부했습니다. 이탈리아에서 최초로 의학을 공부한 여성 가운데 하나인 몬테소리는 곧 뛰어난 신경정신과 의사이자 교육자, 인류학자, 철학자가 되었습니다. 그녀는 대단히 지적인 여성이었고, 페미니즘과 평화주의 등 다양한 사회적 시점에서 자신이 살던 시대의 사회적 불평등과 싸우는 용감한 활동가이기도 했습니다. 교수법 분야에서 문화적 혁명이 시작된 것 역시 몬테소리 덕분이었습니다.

정신장애가 있는 어린이들을 연구하면서 몬테소리는 '아이들의 본성이 꼬마 탐험가(little explorer)와 같다'고 보는 이론을 개발했습니다. '아이들은 이미 세상을 탐구할 때 꼭 필요한 능력을 갖추고 태어났으며, 이 타고난 능력을 이끌어내기 위해 아이들을 이끌어주고 적합한 환경을 조성해줄 어른이 필요하다'는 이론이었습니다.

몬테소리는 세미나와 학회를 통해 자신의 이론을 펼쳐나갔고 인정을 받았습니다. 마침내 1906년 몬테소리는 로마의 빈민지역에 사는 노동자들의 자녀들을 위해 어린이집을 열고 자신의 사상을 확립할 수 있는 기회를 얻었습니다. '카사데이밤비니(Casa dei Bambini, '어린이들의 집'이라는 의미_옮긴이)'가 탄생한 것입니다. 처음에는 로마, 다음에는 밀라노에서 문을 열었고 이렇게 몬테소리 교육이론

을 적용해볼 수 있는 장이 마련됐습니다.

1909년 카사데이밤비니에서의 수많은 경험과 관찰 덕에 몬테소리는 처음이자 가장 중요한 저서인 《몬테소리 교수법: '어린이들의 집'에서 어린이 교육에 적용된 과학적 교육방법》을 출간할 수 있었습니다. 곧 세계적인 성공을 거둔 이 책은 몬테소리 교육의 핵심개념이 담겨 있습니다. 몬테소리는 잘 구성된 자료들을 사용한 감각교육을 중시하고 아이들을 존중하고 자유를 보장해주는 마인드셋을 강조하고 있으며, 교사들이 상벌을 활용해 학생들의 사고과정을 침해하는 것에 반대합니다.

이 연구는 크게 성공해서 몬테소리 교육에 기반한 초등학교와 3세 미만 아이들을 위한 탁아시설들이 최초로 만들어졌습니다. 또한 몬테소리 교육은 전 세계적인 주목을 받아 그녀의 책은 58개국에서 36개 언어로 출간됐습니다.

몬테소리의 새로운 교육학은 이탈리아에서 엄청난 성공을 거둡니다. 초기에는 파시스트 정권 하에서도 지지를 얻어, 나폴리의 초등학교 스무 곳에 도입됐습니다. 1923년 이탈리아의 교육제도를 개혁한 젠틸레 법조차 학교들이 몬테소리 교수법을 도입하도록 했습니다.

몬테소리 협회(Opera Nazionale Montessori)도 창립됐습니다. 로마와 나폴리에 지점을 둔 몬테소리 협회는 관련도서를 출간하고 새로운 학교를 설립하며, 이 학교들에서 쓸 '몬테소리 자료'를 생산하고 교사들을 위한 교육과정을 설계하고자 했습

니다.

하지만 제2차 세계대전이 발발하면서 몬테소리는 정치적인 지지기반을 잃고 말았습니다. 몬테소리의 평등주의적 사고와 모든 생명이 누리는 개인의 자유에 대한 존중, 그리고 평화주의는 전체주의 신조와는 분명 정반대였으니까요. 이탈리아와 독일에서 몬테소리 학교가 모두 금지됐습니다.

마리아 몬테소리는 아들과 함께 스페인으로 가서 계속 비밀리에 책을 펴냈습니다. 그러나 1936년 스페인 내전이 시작되면서 영국으로, 네덜란드로, 그 후 1939년 인도로 피난해야만 했습니다. 1947년 전쟁이 끝난 뒤 이탈리아로 돌아와 몬테소리 협회를 재건하고 몬테소리 학교를 다시 열었지만 주로 머문 곳은 암스테르담이었습니다. 몬테소리는 1952년 5월 6일 네덜란드의 노르트베이크 안제이에서 세상을 떠났습니다. 그녀의 묘비에는 다음의 말이 새겨져 있습니다.

"무한한 능력을 가진 사랑하는 어린이들이 나와 함께 인류와 세계의 평화를 이뤄주길 부탁합니다."

마리아 몬테소리 연구의 획기적인 특성은 성인 위주의 이론을 거부한 데 있습니다. 기존의 이론들은 인간의 본성을 억압하고 아이들의 시각을 무시하는 사회에서 탄생했습니다. 그러나 몬테소리는 가설검증을 기반으로 철저히 과학적으로 관찰하고 경험을 바탕으로 연구한 덕에 어린이들의 사고가 작동하는 방식에 대해 믿을 만한 이론들을 마련했고, 이 이론들을 구체적으로 발표했습니다. 몬테소리는 아이들의 다양한 행동들을 설명할 수 있었고, 아이의 발달을 위해 좀 더 조화롭고 안정적인 과정을 장려하는 혁신적인 교육전략을 제시하게 됐습니다.

무수히 많은 아이들, 그리고 아이들과 어른들 간의 상호작용을 끈질기게 관찰하면서 몬테소리는 <u>반항적인 아이들의 소위 '나쁜' 행동이 대부분은 어른들이 아이들의 욕구를 이해하지 못하는 데에서 나온다는 것</u>에 주목했습니다.

학교 자체의 환경, 학교에서 쓰이는 가구와 자료들조차 아이들이 아닌 어른들을 위한 것이었습니다. 몬테소리가 쓴《아이의 발견》제3장에서는 이렇게 설명합니다.

"학교에서 우리는 여전히 거의 땅에 박힐 듯 묵직한 책상을 사용해야 한다고 믿는다. 이 모든 것이 모두 어린아이들이 움직이지 않는 자세로 자라야 한다는 개념, 그리고 교육적인 활동을 견뎌내기 위해서 특정한 자세로 몸을 유지해야 한다는 이상한 편견을 기반으로 삼고 있다. 가볍고 옮기기 쉬운 탁자와 의자, 쿠션을 댄 좌석은 아이들이 가장 편안한 자세를 스스로 취할 수 있게 해주며, 이는 교육의 수단일 뿐 아니라 외부로 보내는 자유의 신호가 될 것이다."

그러나 이전의 교수법은 학생들의 의지를 앗아가고 학생들을 사회적인 관습에 맞춰 만들어가기 위해 구성돼 왔습니다. 그리고 분명 행동과 인지, 정서의 영역에서는 부정적인 결과가 존재했습니다. 이와는 대조적으로 마리아 몬테소리는 이렇게 주장했습니다.

"자유에 기반을 둔 교육법은 아이가 자유를 다시 획득할 수 있게 도우려고 개입해야만 한다. 그리고 아이들의 자연스러운 행동을 제한하는 굴레로부터 아이를 자유롭게 해방시켜주는 것을 목표로 삼아야만 한다."

이는 우리가 "아이가 자연스럽게 행동하려 하는 것을 억압했을 때 그 결과를 알 수 없기 때문"이며 "어쩌면 우리는 생명 그 자체를 옥죄고 있는 것"이기 때문입니다.

몬테소리 교수법은 한 아이의 성장을 전인적으로 교육하는 접근법입니다.

'꼬마 탐험가'들은 태어날 때부터 필요한 모든 능력을 이미 지니고 삶의 여정을 시작합니다. 아이들은 자율적이고 재능 있는 존재입니다. 아이를 규정 짓고 완성시켜줄 조각가가 필요한 게 아니라, 아이들에게 본보기가 되어줄 부모와 어른이 필요합니다. 아이들을 안전한 환경에 머물게 하고, 아이들이 이미 지니고 태어난 재능을 드러낼 수 있도록 공간을 마련하고 믿음을 주어야 합니다. 아이의 욕구는 스스로 무엇인가를 해낼 수 있게 하는 힘이 됩니다. 아이의 잠재력에 믿음을 표하고 재촉하지 않는 표정으로 바라봐야 합니다. 그리고 이 내면의 힘이 발휘될 때까지 참을성 있게 기다리는 방법을 알아야 합니다.

아이에게는 '흡수하는 정신(absorbent mind)'이 있습니다. 흡수하는 정신이란 직접적인 경험으로부터 놀라운 속도와 민첩성으로 가르침을 흡수해서, 활동과 행동의 스키마(schema)를 형성하는 정신적인 능력을 의미합니다.

아이에겐 그저 안전하고 나이에 적합한 재료를 제공해주면 충분합니다. 이 재료들은 잘 정돈된 단순하고 깨끗한 환경에 준비돼 있어야 하며, 물건마다 미리 정해진 정확한 공간이 할당돼야 합니다. 그럼으로써 아이들은 자기 주변을 둘러싼 세계를 머릿속으로 체계화하고 모양, 색깔, 크기, 사용법 등의 범주에 따라 구분할 수 있게 됩니다. 아이들

이 원하는 만큼 오랫동안 자연스러운 놀이를 하면서 현실을 탐구하고 부딪칠 수 있는 기회를 제공하는 일은 아이가 독립할 수 있는 길을 열어주는 것과 같습니다.

몬테소리 박사의 노력으로 다시 한 번 교육은 자발적으로 풀려나가는 '자연적인 과정(natural process)'이 되었습니다. 그리고 자유와 발달은 서로 떼어놓을 수 없는 한 쌍으로 취급하게 되었습니다. 선택의 자유는 창의성의 표현을 촉진합니다. 창의성은 꼬마 탐험가 한 명 한 명에게 내재되어 있는 능력으로, 그로부터 지속적이고 의미 있는 배움의 순간이 싹트게 됩니다. 결국 자유는 아이에게 책임감을 불어넣어 줍니다. 아이들은 하고 싶은 대로 자유롭게 행동하면서 스스로를 활동의 주인공으로 여기는 법을 배우게 되고, 자기가 한 행동과 그 결과에 책임을 지게 됩니다. 책임감이란 궁극적으로 규율이 세워지는 기반입니다. 스스로의 주인이 되는 아이는 자의식을 가진 아이이고, 또 자제하는 법을 배울 수 있는 사람입니다.

가족 내에서 아이는 적극적인 역할을 맡아야 하며, 어른들과 협동하면서 자신의 역할을 수행해야 합니다. 어린 나이부터 아이들은 집안일을 도울 수 있어야 합니다. 자기 자신을 돌보고, 장난감은 잘 정리하되, 사랑하는 부모 곁에서 머무르며, 부모는 아이의 성과를 평가하지 않아야 합니다. 이런 식으로 아이 한 명 한 명은 학교와 가정생활 모두에서 필수적인 일원이 되며, 스스로의 행동에 적절한 수

준의 책임감을 느끼고, 규칙을 이해하고 문제해결 능력을 갖추게 됩니다. 아이들은 단단한 자존감을 키우면서, 자신이 어른이 하는 것과 똑같은 일을 할 수 있다는 걸 알게 됩니다. 그리고 스스로를 이 세상에서 결코 없어서는 안 될 존재이자 자신이 가진 욕구에 귀를 기울일 가치가 있는 사람, 생각을 자유롭게 말할 수 있는 사람이라고 느끼게 됩니다.

물론 부모와 어른은 꼭 필요한, 그 무엇과도 바꿀 수 없는 안내자이자 본보기, 그리고 자연스러운 발달 과정의 주의 깊은 관찰자로서 언제나 아이의 편에 서야 합니다. 아이들이 어디로 향해야 할지 방향을 잡아주고 격려하며 어려운 순간에는 위안을 주기 위해서입니다. 부모나 어른은 신중하고 개별적으로, 그리고 아이만의 속도를 존중해가며 개입해야 합니다. 절대로 선을 넘거나 아이를 저지해서는 안 됩니다. 또한 활동을 할 때 아이를 재촉하거나 그 역할을 대신해서도 안 됩니다.

아이들은 발달과정에서 특정 범주의 자극에 대해 더 강렬하고 구체적으로 민감해지는 어떤 단계를 거칩니다. 이런 '민감기(sensitive period)'는 일종의 자연이 보내는 신호를 나타내며, 아이에게는 본능적이고 저항할 수 없는 신호가 됩니다. 이때 아이는 특정한 환경자극을 좀 더 수용적으로 잘 받아들입니다. 이 단계에서 부모는 아이들이 민감하게 받아들이는 형태의 자극을 제공해야 합니다. 그래야 아이들의 능력이 성장하도록 도와줄 수 있습니다. 이러한 능력을 습득하기 위한 시간적인 기회는 한정되어 있고, 그 시기가 끝나버렸을 때 아이들은 더 이상 이 감각정보를 통해 다음의 정신적 능력(Mental Skill)을 쉽게 습득할 수 없게 됩니다.

0세~1세: 애착형성의 민감기

인생의 첫 해는 애착관계를 형성하는 데 할애됩니다. 부모와 아이 사이의 정서적이고 심리적인 연결은 한 사람의 인생에서 대체가 불가능하며, 우리 모두가 유전적으로 끌리게 되는 대상입니다. 따라서 친밀감을 얻고 보살핌을 받으려는 아이의 요구는 정상적인 것이고 포용해야 합니다. 부모님과 물리적으로 멀어지거나 고난을 겪을 때 생겨나는 아이들의 저항 역시 인정해야 합니다. 여기서의 고난이란 잠을 자거나, 새로운 음식을 발견하거나, 낯선 이가 나타났을 때처럼 어떤 위태로운 순간에 아이들이 스스로 대처하는 것을 의미합니다.

0세~6세: 질서형성의 민감기

아이들은 자신의 현실 속에서 사건을 합리적으로 이해하고 모든 것의 위치를 정하며 기능하기 위해 일과와 예측 가능한 행동의 순서를 필요로 합니다. 주변 환경과 우리의 행동을 좀 더 명확하고 조직적이며 예측 가능하게 만들 때 아이들에게 신뢰감을 심어줄 수 있으며, 그에 따라 아이들은 이 세상을 즐겁고 안전한 곳으로 인식하게 됩니다.

6개월~6세: 움직임의 민감기

아이들은 발달수준에 맞춰 움직이고 싶은 강력한 욕구를 지녔고, 점점 더 섬세하고 복잡하게 움직이게 됩니다. 따라서 아이들은 눈에 보이는 모든 것을 만져보고 다뤄봐야만 합니다. 그리고 몸을 뒤집고, 배밀이를 하고, 기어가다가, 마침내 걷고 뛰고 뛰어넘고 기어오르게 됩니다.

0세~7세: 언어의 민감기

언어를 습득하는 과정은 길고 점진적이지만, 모든 아이들은 말하기를 배우는 속도와는 무관하게 언어에 매료되어 있습니다. 그렇기 때문에 문학과 소설, 평범한 대화, 그리고 특별한 발달관련 자료들을 통해 자극을 제공하는 것은, 심지어 여러 언어를 동시에 제공하더라도 도움이 됩니다.

0세~6세: 감각의 민감기

감각교육은 태어나서부터 시작되며, 아기는 몸

을 통해 지식을 습득합니다. 따라서 아기가 만지고 맛보고 냄새 맡고 소리를 들으면서 탐험할 수 있게 격려해주는 게 유익합니다. 아주 다양하고 광범위한 재료와 활동은 감각경험을 하는 이 특별한 민감성을 촉진할 수 있습니다.

18개월~6세: 작은 물건에 대한 민감기

한 사람의 눈손 협응력(hand-eye coordination)은 이 시기에 집중적으로 발달합니다. 아이들은 이 능력을 시험해볼 수 있는 행동들을 선택합니다. 아이에게 제안할 수 있는 행동은 다양한데, 이를테면 물을 붓는 것 같은 활동은 작은 물체를 조작하고 싶은 욕구를 채워줍니다.

0세~6세: 사회화의 민감기

두 살 무렵의 아이들은 특히 사회집단에 대한 소속감에 민감해집니다. 사회집단에는 함께 잘 살기 위한 몇 가지 규칙이 존재하지요. 따라서 이 시기는 아이들이 고마움을 전하고, 용서를 구하며, 공원 같은 곳에서 놀면서 다른 친구들의 게임을 존중하고 자기 차례를 기다리는 법을 배우는 이상적인 시간이라 할 수 있습니다.

제2장

—

교육에서
자연의 역할

자연과 인간

오랫동안 집이나 사무실에 틀어박혀 있다가 나왔을 때, 아니면 긴 시간 운전을 하고 난 후에라도, 신선한 공기를 들이마시고 얼굴 전체에 따스한 햇볕을 쪼인다거나 옹달샘에 손을 담그고 싶다는 강렬하고 이상한 신체적 감각을 느껴본 적 있나요? 아니면, 특히나 피곤하게 느껴지거나 감정적으로 혼란스러운 날에 한적한 시골길이나 산길을 간절히 걷고 싶다거나 바닷가에 앉아 바다를 바라보고 싶던 적은 없나요? 그리고 첫눈이 내리는 광경에, 널리 탁 트인 밀밭에, 또는 흐드러지게 핀 벚꽃에 감동 받지 않는 사람이 있을까요? 이는 분명 우리를 하나로 결속시켜주는 경험들이자, 자연이 우리 삶에서 없어서는 안 될 일부라는 사실을 뒷받침해주는 근거입니다. 우리는 때론 의식하지 못할 때도 있지만 본능적으로 자주 자연을 찾고 있습니다.

문명은 무수히 많은 이익과 혜택을 가져다주지만, 우리는 발전하는 과정에서 어쩐지 이런 우리 자신의 일부, 우리의 행복에서 너무나 중요한 일부를 잃고 말았습니다. 많은 사람들이 긴장을 풀고 사색하기 위해 새가 지저귀고 시냇물이 흐르는 소리, 비가 투두둑 내리는 소리, 아니면 모닥불이 타닥타닥 타오르는 소리 같이 자연의 소리를 재현한 음악을 듣습니다. 사람들이 평화와 차분함을 얻기 위해 정원을 가꾸거나 과일나무를 키우는 데 열심인 경우도 결코 드물지 않습니다.

우리는 태어나면서부터 생물학적으로 자연에 연결돼 있습니다. 미국의 생물학자이자 곤충학자인 하버드대학교 에드워드 오스본 윌슨(Edward Osborne Wilson)을 포함해 이 주제를 다루는 흥미로운 의견들도 여럿 존재합니다. 1984년 윌슨은 '녹색갈증(biophilia)'이라는 용어를 만들었습니다. 인간은 자연과 지구에서 함께 살아가는 다른 유기체들과 본질적으로 관련 있는 유전자를 지녔다는 자신의 가설을 설명하기 위해서였습니다. 윌슨은 인간이 공동체를 형성하고 도시를 짓기 시작하기 이전까지 직접 자연에서 살아가며 인류의 역사 대부분을 보냈기 때문에, 인류는 자연풍경에 대한 타고난 애정을 키워왔으며 이는 생존을 위한 필수적인 요건이라고 가정했습니다.

윌슨보다 훨씬 앞선 지난 세기 초반에 마리아 몬테소리는 인간, 특히 자신이 가장 사랑하는 어린이들에게 자연이 얼마나 중요한 역할을 하는지에 대한 이론을 발전시켰습니다. 실제로 몬테소리의 가르침에서 '교육에서 자연이 맡은 역할'을 논한 부분은 가장 흥미롭습니다.

마리아 몬테소리는 1909년 《몬테소리 교수법: '어린이들의 집'에서 어린이 교육에 적용된 과학적 교육방법》을 펴내면서 한 장 전체를 이 주제에 할애했으며, 후에는 《아이의 발견》이란 제목으로 재출간했습니다. '교육에서의 자연(Nature in Education)'이라는 제목이 붙은 그 챕터는 삶의 자연적인 방식과 문명화된 사람들의 사회생활 간의 차이점을 강조하면서, 후자가 얼마나 확실히 사람들을 희생시키고 심한 통제로 아이들의 발달에 영향을 미치는지 보여줬습니다.

"우리 시대, 그리고 우리 사회의 도시환경에서 어린이들은 자연과 멀리 동떨어져서 살아가고, 자연과 친밀한 관계를 갖거나 직접 경험할 수 있는 기회를 거의 누리지 못한다(《아이의 발견》제4장)."

마리아 몬테소리는 장 이타르(Jean Itard)가 쓴 흥미로운 이야기를 읽으면서 자연과 가까이 교감하며 살아가는 중요성에 대해 숙고하기 시작했습니다. 프랑스 의사 이타르는 아베롱의 빅토르라는 소년을 돌보게 되었습니다. 이 소년은 아주 어렸을 때 숲속에 버려졌습니다. 거의 기적처럼 소년은 숲속에서 유기적으로 자라나다가 몇몇 사냥꾼들에

게 발견됐고, 그 후 파리로 가서 이타르에게 맡겨졌습니다. 이타르는 오랜 기간 동안 소년을 관찰했고, 소년의 행동에 반영된 자연과의 깊은 인연, 그리고 그 관계에 남아있고 싶은 욕구를 주목했습니다. 빅토르는 분명 모든 사회적 행위와 관습, 그리고 기대행동들을 전혀 모르는 상태였고, 따라서 소년의 사례는 학계에서 엄청난 관심을 불러일으켰습니다. 이 야생소년은 인간 본연의 특성을 관찰하고, 아이들이 문화를 기반으로 한 정식교육을 받지 않거나 제지 또는 억제되지 않았을 때 어떤 모습을 보이는지 알 수 있는 기회를 주었습니다. 소년은 야외공간을 친숙하게 느꼈고, 실내에 남아있어야만 할 때는 고통과 고립감, 냉담함을 표출했습니다. 실제로 빅토르는 자연에서 벌어지는 삶에만 흥미를 보였고, 비나 눈, 바람 같은 자연현상을 지켜볼 수 있을 때 편안함을 느꼈다고 합니다.

마리아 몬테소리는 이 어린 소년을 대상으로 이뤄진 연구에 관해 다양한 글을 썼습니다. 그리고 교수법과 학교에서의 가르침을 어떻게 재검토해야 하는지에 관한 이론을 상세히 설명했습니다.

예를 들어 몬테소리는 우리가 움직임을 제한하는 옷을 입는다거나 발을 옥죄고 자유롭게 걷거나 뛰지 못하게 하는 신발을 신으려는 성향을 선천적으로 타고나지 않았다는 것을 깨달았습니다. 대신 우리는 땅을 느껴야 합니다. 그렇기 때문에 어린아이들은 가끔 옷과 신발을 벗어던지려 하고, 또 벌거벗거나 맨발로 있기를 좋아하면서 땅과 더욱 가

까이 교감하려 하고 더욱 자유로운 움직임을 느끼려고 하는 것입니다. 그리고 어른들이 이러한 본능을 부정하고 아이들의 행동 뒤에 숨은 욕구들을 전혀 파악하지 못할 때 제약과 억압의 몸짓으로 드러나게 되는 것입니다. 그러나 어른들은 아이들을 사회로 통합시켜야 합니다. 다른 사람들과 잘 어울려 살기 위해 필요한 모든 사회적 관습에 점차 익숙해지도록 가르쳐줘야 합니다. 따라서 과학자들은, 교육자의 임무는 야생에서 온 아베롱의 빅토르를 위해 이타르가 맡은 역할과 같아야 한다고 주장했습니다. 이 임무는 "자연 속에서 생물들과 함께 살고

있는 사람이 사회생활을 할 수 있도록 준비시키는" 것으로, "이 사람이 행하는 자연에서의 활동과 조화를 이뤄야" 합니다. 또한 몬테소리는 이 단계가 "자연 자체에 교육적인 역할을 크게 부여함으로써 (아이의) 교육에 녹아들어야 할 것"이라고 덧붙이면서, 실제 교육에서 자연이 맡은 중심적인 역할을 인정했습니다. 따라서 몬테소리는 아이들을 가르칠 때 자연에 대한 감정을 개발하는 데 엄청난 부분을 할애하기 시작했습니다.

몬테소리는 우리 사회에 내재된 모순을 지적했습니다. 우리 사회에서 자연은 좀 더 철저히 윤리적이고 심미적인 가치를 부여받습니다. 우리는 보통 아이들에게 자연과 인위적으로 접촉하도록 제안하며, 자연이 우리들의 아파트나 교실로 들어와서 더 작은 규모로 재현되도록 만들어버립니다. 그러나 그 누구도 그저 자연의 일부분만 묘사하는 카드나 책을 들여다보는 것만으로 자연과 관계를 형성했다고 말할 수 없습니다. 한편으로 아이들은 초원에서 뜀박질을 하고 꽃밭에 뛰어들어 두 손 가득 흙을 움켜쥐고 비가 오면 물웅덩이에서 찰방거리면서 진정으로 자연세계를 경험하지만, 이런 행동은 어른이 부여하는 규칙에 따라 제지당하고 맙니다.

자연은 단순히 실내용 화분과 냉장고에 보관한 채소나 과일, 또는 애완동물로 한정될 수 없는 법입니다. 몬테소리의 설명에 따르면, 그렇게 함으로써 어쨌든 "우리의 영혼도 축소되기 때문"입니다. 그녀는 우리가, 이를 테면 아이들에게 새가 지저귀는 소리에 귀를 기울이는 게 아름다움을 감상하는 것이라 믿게 만들면서 그 새들을 작은 새장 안에 가둬둔다고 덧붙였습니다. "마치 새장에 갇힌 작은 새들에게 먹이를 주는 것이 자연에 대한 사랑을 이루는 양" 말입니다.

반면에 "단순히 자연을 이해할 뿐 아니라 자연에 따라 살 수 있는" 어린 시절의 욕구를 존중해주는 것은 정말로 중요하기 때문에, 이타르의 어린 빅토르를 행복하게 만들어준 그 본능적인 행동들을 일부 돌려줄 수 있어야 합니다.

"아이들의 근육에너지는, 아주 작은 아이라 할지라도 우리가 상상하는 것보다 훨씬 더 크다. 하지만 그 힘이 우리에게 드러나기 위해서는 반드시 자유롭게 움직일 수 있어야 한다… 아이들은 자연환경에 들어갔을 때, 그때부터 힘을 드러내게 된다." 이 힘은 신체적 성장뿐 아니라, 인식과 배움, 도덕성의 향상으로도 분명히 드러납니다.

아이들은 초원을 달리고, 나무 사이로 움직이고, 꽃을 만지고, 돌을 모으고, 흙투성이가 되고, 동물들이 행동하는 방식을 관찰하고, 흠뻑 젖은 나무줄기에서 비 냄새를 맡고 싶은 욕구를 지녔습니다. 아이들은 자연세계에서 직접 삶을 경험해야 합니다.

자연에서 아이는 뛰어넘고, 기어오르고, 달리고, 팔과 다리근육으로 힘을 쓰고, 손가락과 발가락으로 모든 다양한 감각을 느끼며, 그렇게 해서 자기 몸과 더 위대한 관계를 만들어낼 수 있습니다. 공원에서, 숲속에서, 정원에서, 아니면 그 어떤 열린 공간에서도, 아이는 운동능력이 만들어내는 감각을 경험하면서 이를 지적 능력과 조율하기도 합니다. 왜냐하면 탐색하고, 발견하고, 지식을 얻고, 분류하고, 암기하고 싶은 아이의 호기심과 욕구를 한번에 모두 만족시킬 수 있기 때문입니다. 또한 이 과정은 아이가 실제로 몸을 움직이고 운동하는 경험을 하는 동안에 모두 이뤄지기도 합니다. 몬테소리가 반복해서 말하는 바와 같이, 직접적으로 신체

적인 경험을 하는 것만큼 훌륭한 교육은 없습니다. 아이가 스스로 뭔가를 해낼 수 있는 그런 경험 말입니다.

몬테소리 박사는 이렇게 말했습니다.

"'아이들을 자유롭게 풀어주세요. 아이들이 떳떳하게 놀게 하세요. 비 올 때 밖에 나가게 해주세요. 물웅덩이를 발견했을 때 신발을 벗어던지게 하세요. 그리고 이슬로 흠뻑 젖은 초원의 풀 위를 맨발로 달리다가 그 위에서 폴짝폴짝 뛰게 하세요. 나무그늘이 낮잠을 자라고 청할 때 조용히 휴식을 취하게 내버려두세요. 아침에 햇님이 잠을 깨우면 아이들이 소리치고 웃게 하세요. 하루를 깨어 있을 때와 자고 있을 때로 구분하는 다른 모든 생명체들을 햇님이 깨우는 동안에요.' 이렇게 말하기에는 너무 시기상조일 수 있다… 그러나 우리는 날이 밝은 뒤 어떻게 해야 아이들을 재울 것인지, 그리고 어떻게 해야 아이들이 신발을 벗어던지지 않고 들판을 헤매지 않게 훈련시킬 수 있는지를 애타게 묻는다."

▵▽▵▽ ▵▽▵▽ 자연에 대한 감정과 우주교육 ▵▽▵▽ ▵▽▵▽

단풍잎을 모으거나 정원에 물을 주거나 마른 나뭇가지를 잘라내거나 자연에서 찾은 물체를 색깔과 크기, 모양으로 분류하며 노는 것 같은 간단한 자연 활동이 있습니다. 이처럼 아이가 타고난 흥미와 알고 싶은 동기에 따라 자연에서 다양한 활동을 할 수 있는 기회를 주는 일은 몬테소리가 규정한 "우리 주변에 살고 있는 존재를 향한 관심, 존중, 호기심 등의 의도를 띠는 자연에 대한 감정"을 개발할 수 있게 해줍니다.

자연에 대한 감정은 '우주교육(cosmic education)'이라고 부르는 것, 또는 생명체 사이에 존재하는 관계를 발견하고 그런 생명에 대한 보살핌과 존중의 감각을 키우는 것과도 연관돼 있습니다.

실제경험을 통해 실험해보면서 아이는 다음의 사실을 이해하기 위한 첫 발을 내딛게 됩니다.

"지구상의 모든 것은 밀접하게 연관돼 있고, 모든 세부사항은 서로 연결돼 흥미롭다. 우리는 이 전체를 커다란 천 한 장에 비교할 수도 있다. 각각의 세세한 부분들이 천 위에 새겨지고, 눈부시게 아름다운 직물은 그 전체를 형성한다."

다른 형태의 생명들을 경험하면서 아이는 세상의 다양한 측면들을 어떻게 분류할 수 있는지, 그리고 서로 어떻게 연결돼 있는지 더욱 깊이 배울 수 있습니다. 그리고 생명을 지키기 위해서는 상호의존해야 하는 것을 이해하게 됩니다.

몬테소리는 이렇게 보았습니다.

"인류가 자신에게 주어진 우주적 임무를 이해하기 위해서는, 사람들 간의 관계, 그리고 사람들과 그들이 살아가는 자연환경 간의 관계를 숙고하는 새로운 사고방식을 세워주는 교육이 필요하다."

그리고 "미래를 향해 열린 교육이며, 그 미래는 이미 우리의 현재"라고 주장했습니다(《마리아 몬테소리의 영혼의 보살핌》 제8장, 레오나르도 디 산티스 발행).

자연에서 경험을 창조해나가는 일은 시간과 변화의 개념을 발달시키는 데에도 도움이 됩니다. 자연세계의 박자는 분명 사회의 박자보다 느립니다. 자연은 서두르는 법을 모릅니다. 천천히 그리고 끈기 있게 움직이고, 시간을 들여 진화합니다. 자연은 계속되는 박자에 따라 주기적으로 변화하고, 살아남기 위해서는 보살핌을 필요로 합니다. 달걀이 부화해 병아리가 태어날 때까지 기다리는 데 걸리는 시간을 생각해보세요. 씨앗을 뿌린 뒤 그 씨앗이 처음 뿌리를 내리고 봉우리를 맺는 데 걸리는 시간, 아니면 봉우리가 열리고 꽃이 활짝 피는 데 걸리는 시간도. 자연의 삶이 직접 전하는 이 모든 가르침은 아이들이 이 세상에 사는 만물에 집중하고 보살피며 배려하는 감정을 경험할 수 있게 해줍니다. 우리 역시 실제로 이 아름다운 만물의 일부입니다. 예를 들어, 자연은 우리 몸에 필요한 영양분을 제공하고, 생체리듬을 조절할 수 있는 빛과 어둠을 주며, 우리가 유용한 비타민을 생산할 수 있게 해주고, 또한 우리가 에너지를 생산하고 우리의 질병을 치유해줄 수 있는 요소들을 만들어낼 수 있도록 원천을 제공합니다.

몬테소리 학교교육에서의 자연

물론 오직 야외에서만 살아가는 일은 불가능합니다. 그래서 몬테소리는 아이들이 학교 책상 앞에 앉았거나 교실에서 아침나절을 보내는 동안에도 자연에 대한 감정을 훈련할 수 있는 중요한 방법을 제안했습니다.

몬테소리는 이렇게 설명했습니다.

"자연에 대한 감정은 다른 것들과 마찬가지로 연습을 통해 길러진다. 생기 없고 지루해하는 아이 앞에 현학적인 설명이나 충고를 내놓는 것만으로는 결코 그 감정을 불어넣을 수 없다. 이 아이는 벽 안에 갇힌 채, 동물들에게 잔혹하게 구는 것이 삶에서 불가피한 일인 것을 보거나 느끼는 것에 익숙해져 있을 것이다."

몬테소리가 항상 말하듯, 아이의 자연스러운 충동이 무엇인지 살피고 이를 지지하면서, 적절하게 준비된 환경뿐 아니라 이 욕구를 채우고 표현하도록 하기 위해 필요한 재료들을 제공하는 일은 매우 필수적입니다. 따라서 카사데이밤비니는 자연에 대한 감정을 일구려는 아이의 자발적인 경향을 표현하는 데 필요한 재료들을 필수적으로 갖춰야 했습니다.

"살아있는 존재들에 대한 사려 깊은 보살핌은 아이의 영혼이 지닌 가장 활기 넘치는 본능을 만족시킨다. 따라서 식물, 그리고 특히나 동물을 보살피는 적극적인 가사업무를 쉽게 준비할 수 있다."

마리아 몬테소리는 동물과 식물 연구 목적의 자료들을 체계적으로 조직해서, 동물과 식물 계를 분류할 수 있게 했습니다. 나무로 만든 동물퍼즐과 자연의 탁자, 나뭇잎 서랍 등이 여기에 속합니다. 또한 수족관을 만들거나 화분을 가꾸는 문화를 장려하기도 했습니다.

무엇보다도 몬테소리는 학교 안에 자연을 아우르는 간단한 활동들이 가능한 야외공간을 설치하도록 했습니다. 소위 '지아르디노 노스트로(Giardino Nostro, '우리의 정원'이라는 의미_옮긴이)'로 아이들이 가꿀 식물과 꽃을 심은 공간이었습니다. 이 공간의 특징은 그 규모인데, 규모를 제한하되 적절한 규모로 제한하는 것이었습니다.

"적정한 규모에는 제한이 있어야만 하며, 그 적정한 규모란 공간과 물건이 넘치지도 않고 부족하지도 않아야 한다는 의미다."

공간은 지나치게 커서는 안됐습니다. 아이가 자연요소라는 존재보다 더 넓은 공간을 차지하게 되면서 꽃과 나무는 돌보지 않고 뜀박질하는 데에만 그 공간을 사용할 수도 있으니까요. 또한 식물의 수도 적절해야 했습니다. 식물이 너무 많았다가는 아이들의 집중력을 방해할 수

도 있고, 너무 적었다가는 아이들이 쉽게 흥미를 잃을 수도 있으니까요. 이 정원은 아이들에게 식물을 돌보는 임무가 즐겁고 흥미로우며 지속적임을 확인시키기에 적절한 숫자의 식물들을 갖추고 있었습니다.

"아이는 의식 안에 들어오는 모든 식물들을 관리할 수 있어야 한다. 이 모든 식물들은 아이의 기억 속에 자리잡게 되며, 따라서 아이는 이 식물들을 알게 된다."

그 다음으로 진짜 채소밭도 있을 수 있는데, 이곳에서 아이들은 식물을 재배할 기회를 얻고 생명주기를 직접 경험할 수 있었습니다. 또한 마당에서 작은 동물들을 기를 수도 있었고 동물들의 습성과 행동을 인정하고 존중하는 법을 배울 수 있었습니다.

카사데이밤비니에서 기본적인 역할은 교육자가 맡았습니다. 교육자는 아이가 자연을 경험할 때 그 순수함을 보호해주기 위해 스스로의 사회적 기대들을 내려놔야 했습니다. 또한 아이들에게 지나치게 많은 지시사항을 주지도 않았고, 아이들이 자율적으로 행동하게 내버려 두었습니다. 아이들은 신체활동을 통해 중요한 것들을 많이 배울 수 있기 때문입니다. 간단한 활동으로도 충분했습니다. 길을 깨끗이 치우거나, 낙엽을 모아서 색깔과 모양과 크기를 바탕으로 분류한다거나, 나뭇가지를 쳐내고 식물에 물을 준다거나, 심지어는 나뭇잎들을 싹싹 치워버릴 수도 있었습니다.

마리아 몬테소리에 따르면 이 활동들은 행동하고 알고 탐구하고 싶은 아이의 욕구에 부합합니다. 아이가 참여하는 모든 활동에서, 적극적으로 집중력을 유지하고, 인생을 발전시키려고 노력하거나 하다못해 동물이나 식물 같은 생명체를 돌보면서 얻는 감사와 만족은 매우 큽니다. 그리고 아이는 즐거움 덕분에 자기 주변에서 살아가는 생명들에 자연스레 집중하고 존중할 수 있게 됩니다. 누군가가 자신을 필요로 하고, 또 자신의 일이 생명을 불어넣는다는 것을 깨달을 때, 역량을 강화하고 정서를 개발하고 싶은 강력한 동기를 얻게 됩니다.

몬테소리의 제안은 구체적인 주제에서 시작하지만 그 후 훨씬 더 높은 차원에 도달하게 됩니다. 자연과의 교감은 아이의 운동능력과 감각기능을 발전시켜줄 뿐 아니라 집중하는 데 필요한 실질적인 기술과 능력을 길러주고 인내하는 법을 훈련시켜줍니다. 또한 다른 생명체를 돌보고, 주변의 생명을 존중하려는 아이의 충동을 자극하기 때문에 아이들은 평화로운 세계를 만들어가려는 몬테소리의 비전에서 가장 중요한 가치를 터득하게 됩니다.

"평화는 사람들 사이에서 정의와 사랑이 승리했음을 의미하며, 조화로움 가득한 더 나은 세상을 꿈꾸도록 우리를 이끈다(《마리아 몬테소리의 영혼의 보살핌》 제8장)."

△▽△▽　일상생활에서의 자연　△▽△▽

몬테소리 학교는 여전히 커리큘럼에서 교실에서 사용하는 요소와 야외에서 수행되는 활동을 통합하고 있습니다. 정원과 채소밭에서의 작업을 계획하고, 그렇게 해서 아이들이 교실 밖의 자연을 경험하거나 농장처럼 조성된 공간을 방문할 수 있게 해주는 것입니다. 교실 공간 안에는 분류와 직접적인 지식에 도움이 될 식물 자료들과 다른 요소들이 존재합니다. 그중 하나가 자연의 탁자인데, 자연의 탁자에서 아이들은 바깥에서 구해온 것들을 관찰하고 발견하고 실험하며, 이후의 활동들을 준비합니다.

우리는 이러한 경험에서 힌트를 얻어, 집안에도 아이들이 놀 수 있는 공간을 마련할 수 있습니다. 나뭇잎이나 돌멩이, 솔방울, 꽃, 또는 나뭇가지 같은 자연의 세계에서 가져온 물건들을 모아서, 아이들의 감각기능과 분류능력(색, 크기, 모양 등)을 훈련하는 데 사용할 수 있습니다. 또한 기회가 있다면 채소밭과 과수원을 방문해서 과일과 채소를 오감을 통해 발견하도록 아이들을 참여시킬 수도 있습니다. 그렇게 하면 아이들의 호기심을 자극하고, 그 존재의 의미를 찾게 되며, 과일과 채소가 어디서 어떻게 생산되는지 깨달을 수 있습니다.

마리아 몬테소리가 기록했듯, 아이들에게는 자연과 함께 살아가고 그렇게 자연에서 직접적인 경험을 얻는 것이 도움이 됩니다. 아이들은 자연에서 탐험하고 발견하는 자유를 누려야 합니다.

제3장

자연과
교감할 수 있는
활동 55가지

△ ▽ △ ▽ △　　몬테소리 자연관찰 활동　　▽ △ ▽ △ ▽

《몬테소리 자연과 놀이》에 나오는 활동들은 2세에서 10세 사이의 아이들을 위한 것이며, 아이와 자연의 타고난 유대성을 회복하려는 목적이 있습니다. 이 활동들은 마리아 몬테소리가 아이와 자연 간의 관계에서 찾아낸 가장 적절한 주제에 따라 네 가지 종류로 나뉩니다.

1. **자연을 경험하기** – 자연에서 발견한 사물들을 사용한 감각활동
2. **자연 속에서 움직이기** – 야외에서 즐기는 이동활동과 산책활동
3. **살아있는 생명 돌보기** – 식물과 동물을 관찰하고 먹이 주고 보살피는 활동
4. **자연에서 발견하기** – 자연세계의 일부를 분류하고 관찰하는 활동

이 중에는 집안에서 할 수 있는 활동도 있지만, 가능하면 항상 꽃이나 채소가 있는 정원, 마을길, 집 뒷마당 또는 놀이터 등에서 체험하면 좋습니다.

정원에 살고 있는 꽃과 곤충들 사이에서, 자연에서 자라나는 채소와 동물들 사이에서, 숲속의 위풍당당한 나무와 겁 많은 동물들 사이에서, 심지어는 그저 바닷가에 나가 물과 모래, 조개 사이를 걸으면서 자유로운 놀이를 하도록 격려해줄 때 아이는 귀중한 경험과 기술을 풍부하게 쌓을 수 있습니다. 이 활동들은 아이들이 관찰하는 순간의 고요함과 기다림의 평온함, 그리고 다른 생명체의 행동을 존중하는 법을 배우도록 도와줍니다.

아이 한 명 한 명의 영혼은 삶과 창조의 힘이 갖가지 형태로 표현되는 자연의 세계와 연결되고 싶은 욕구가 있습니다. 따라서 "자연으로 교육하기(educate with nature)"는 아이의 발전적인 욕구를 존중하고, 아이들과 세상 간의 조화를 회복한다는 의미입니다.

△▽△▽△　자연관찰 기본원칙 : 자연을 존중하세요　▽△▽△▽

여기서 제안하는 활동들은 아이에게 자연에서 직접적인 경험을 쌓는 기회를 줍니다.

누군가가 우리집으로 들어온다고 상상해보세요. 그 사람이 어떻게 행동하면 좋을까요? 그 사람이 허락을 구하고, 저지레를 하지 않고, 다른 사람의 물건을 만지거나 장난감을 가지고 놀기 전에 물어보길 바라나요? 물건이나 장난감을 조심스럽게 사용하고, 사용한 후에는 원래 있던 자리에 돌려놓길 바라나요? 특히 집에 자고 있는 사람이 있고 그 사람을 깨우고 싶지 않다면, 집을 방문한 사람들이 점잖은 목소리로 말해준다면 참 고마울 거예요.

숲이나 마당 또는 정원에 들어설 때, 아니면 집 근처 작은 공원에서 그저 풀 사이에 앉아 있더라도, '자연'이라는 이름의 집에 방문했다고 상상해보세요. 많은 생명체들이 이 집에 살고 있어요. 이 생명체들은 이 세계를 발견할 수 있는 멋진 기회를 우리에게 나눠주며, 우리는 당연히 이 생명체들을 엄청나게 존경해야 해요. 그러면 개미들은 음식 부스러기를 나르는 데에 집중하고, 다른 곤충들은 열심히 꽃가루받이를 할 거예요.

다음은 자연과 교감할 때 마음속에 품어야 할 몇 가지 기본원칙입니다.

아이에게 꼭 알려주세요.

| 자연관찰 기본원칙 |

: 자연스러운 목소리로 말하고, 주변이 조용하다면 그 상태를 유지해주세요.

: 작은 동물들이 어떤 행동을 하는 것을 발견했을 때는 멈추세요.

: 발견한 식물과 꽃은 관찰하고, 냄새를 맡아보고, 부드럽게 만져볼 수도 있어요. 하지만 찾아낸 그 자리에 그대로 남겨두세요.

: 자연에서 발견한 과일은 그림 그리기에 훌륭한 주제입니다. 단, 나무에 그대로 달려 있게 내버려두세요.

: 편안하고 간편하며 약간은 허름한 옷을 입으세요. 마음껏 옷을 더럽혀보는 거예요!

: 언제나 어른들에게 물어보세요. 뭔가를 발견했을 때 어른들은 만져도 되는 물건인지 알 테니까요. 어떤 식물에는 가시가 있고, 침을 쏠 수도 있고, 아니면 피부를 가렵게 할 수도 있거든요.

: 발견한 물건을 집에 가져와도 되는지, 아니면 자연 생태의 순환을 위해 그냥 놓아두는 게 나을지 어른들에게 물어보세요.

: 숨을 쉬고, 냄새를 맡고, 귀를 기울이고, 눈으로 바라보세요. 이 세계를 향해 모든 감각을 활짝 열어두세요.

△▽△▽　자연을 경험하기　△▽△▽

이번 장의 모든 활동은 이 세상에 존재하는 자연 요소들을 탐구하게 해줍니다. 우리는 자연과 친해지고 잘 이해하기 위해 자연과 교감하며 즐거운 체험을 할 수 있습니다. 참을성과 차분함 그리고 일관성은 우리가 자연과 함께하면서 키울 수 있는 자질입니다. 또한 자연에서 찾아낸 물체를 다룰 때 의미 있는 방식으로 오감을 자극할 수도 있지요. 자연에서 찾은 모든 물체는 플라스틱으로 만든 물건에서는 볼 수 없는 무게와 모양, 질감 등 흥미로운 물리적 특성을 가지기 때문입니다.

여기서 추천하는 각각의 활동은 감각과 소근육 운동, 그리고 집중력을 발달시키는 데 도움이 됩니다. 어떤 활동에서는 먼저 공원과 정원, 아니면 다른 환경에서 돌아다니면서 재료들을 모으고, 그 다음에는 집에서 작업을 마무리해야 할 겁니다. 또 어떤 활동을 할 때는 집에서 바로 과일과 채소를 활용해 작업할 수도 있습니다.

아이들은 이 활동에 직접 참여하지만, 무엇을 해야 할지 이해하기 위해 부모나 어른이 먼저 시범을 보여야 할 수도 있습니다. 경우에 따라서는 아이들이 노는 동안이나 바깥에서 가져온 재료들을 사용할 때 모든 면에서 확실히 안전한지 어른들이 지켜봐야 할 수도 있습니다. 그렇지만 아이들이 여러 번 다양하게 시도해보며 성공적으로 활동할 수 있게 내버려두세요. 이런저런 지시를 내리며 방해하지 마세요. 아이가 실수를 저지르거나 화도 낼 수 있게 해줘야 합니다. 아이의 행동을 고쳐주지 말고 지켜봐 주세요. 아이가 필요하다고 생각하는 만큼 몇 번이고 자유롭게 실험하고 연습해보게 내버려두세요. 아이들이 좌절하는 순간에 응원해주는 방식으로만 개입하세요. 언제나 바깥에서 놀면서 자연의 재료에 호기심을 보일 수 있게 지지해주세요.

자연의 색깔 모으기

준비물:

종이상자 6개, 편지지 크기의 인쇄용지 6장, 점착테이프, 색칠할 수 있는 도구(포스터물감, 핑거페인트용 물감, 마커펜 등)

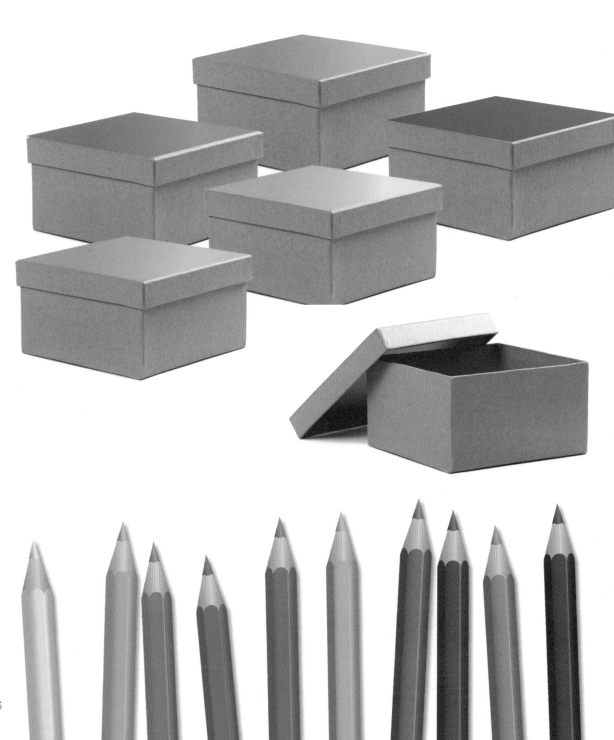

목표:

이 활동을 통해 아이가 자연을 탐구하고, 야외에서 시간을 보내고, 관찰력을 발휘하며 차분함과 끈기를 기를 수 있습니다.

환경:

야외라면 어디든

과정:

중간 크기의 종이상자 6개를 구합니다. 빈 종이 1장을 꺼내고 한 가지 색깔을 정해 꼼꼼히 칠합니다. 그후 다른 종이에도 똑같이 합니다. 6개의 상자 뚜껑 위에 테이프로 종이를 붙입니다. 이제 자연의 색으로 꾸며진 상자가 준비됐네요. 아이와 함께 하루에 상자 하나, 즉 한 가지 색깔을 고르고 쉽게 갈 수 있는 장소도 정해봅시다. 공원이 될 수도 있고, 나무가 우거진 곳이나 냇가, 바닷가, 집 마당, 아니면 그저 길거리가 될 수도 있습니다. 두 눈을 크게 뜨고 천천히 주의를 기울이며 걸어봅시다. 그리고 주변에 무엇이 있는지 함께 관찰하세요. 가능하면 자연에서 오늘의 색깔과 맞는 물건을 발견할 때마다 주워서 상자 안에 넣어두게 하세요.

매번 밖에 나갈 때 다른 상자를 가져가서 새로운 색을 찾아보게 합니다. 이 활동은 끝없이 계속 이어갈 수 있어요. 집에 가져갈 만한 색색의 물건을 찾을 때마다 상자 안에 보관해두면 됩니다. 마침내 선반이 자연의 색으로 가득 차게 될 겁니다!

돌멩이로 문양 만들기

준비물:

종이봉투, 나무나 마분지로 된 판, 다양한 색깔과 크기의 돌 40개, 물 한 병, 바구니, 낡은 천 조각

목표:

이 활동을 통해 아이는 직접 손으로 만지는 창작활동을 하면서 야외에서 시간을 보내고 관찰력과 선택적 주의력을 기를 수 있습니다.

난이도: 중간

어른의 지도 필요

연령: 만 3세 이상

환경:

마당, 공원, 안뜰, 숲 또는 집에서

과정:

마당이나 공원에 가서 갖가지 크기와 색깔의 돌멩이 40개를 찾아서 종이봉투에 넣으세요. 단, 표면이 매끈매끈한 돌멩이들이어야 합니다. 일단 돌멩이를 모두 모으면 조용한 구석자리에서 물 한 양동이를 준비합니다. 돌멩이들을 한 번에 하나씩 깨끗이 씻으세요. 흙먼지가 모두 떨어지도록 꼼꼼히 닦아냅니다. 그러고 나서 낡은 천으로 돌멩이의 물기를 말리세요.

이제 미술판을 준비하세요. 커다란 마분지나 크고 단단한 포스터 보드, 또는 얇은 합판으로 만든 판지여도 괜찮습니다. 아이가 마음껏 창의력을 발휘하도록 해보세요. 돌멩이를 배열해서 집, 곰, 자동차, 나비 등 무엇이든 원하는 모양을 만들게 하세요. 또는 추상적인 모양으로 구성해도 좋습니다.

냄새사냥

준비물:

스케치북 2개, 색연필

목표:

이 활동은 후각과 집중력을 개발하는 데에 도움이 됩니다. 그리고 호흡을 통해 차분해지는 감각을 키울 수 있습니다.

환경:

마당, 가로수가 늘어선 도로, 공원, 숲, 채소밭, 과수원 또는 집에서

과정:

자연은 우리에게 후각을 재발견할 수 있는 무수히 많은 기회를 줍니다. 아이와 함께 정원이나 가로수가 늘어선 도로, 또는 화단에 가도 좋고, 아니면 숲 속을 산책해도 좋습니다. 천천히 걸으면서 주변을 둘러싼 것들을 관찰해보세요. 그리고 나서는 걸음을

난이도: 낮음

연령: 만 3세 이상

어른의 지도 필요

멈추고 두 눈을 감고 코로 쿵쿵 냄새를 맡게 하세요. 어떤 냄새에 주목하게 되나요? 그 냄새를 묘사해보게 합니다. 이제는 두 눈을 뜨고 자연 속에 푹 빠져보세요. 꽃, 돌멩이, 새싹, 솔방울, 마른 낙엽, 아니면 모래가루에 이끌려서 말이에요. 냄새를 자꾸자꾸 기억하며 여러 차례 숨을 들이마셨다가 내쉬어보세요. 탐험이 끝날 무렵 어떤 냄새가 가장 좋고 어떤 냄새가 가장 불쾌했는지 함께 말해보세요. 그리고 각각의 냄새를 아이와 함께 그림으로 표현하세요. 이 활동을 다양한 환경에서 여러 번 반복해보면, 이 모든 요소들을 냄새의 특성에 따라 정리해서 '냄새가 담긴 책'으로 모을 수 있을 거예요. 바깥으로 나가기 어려울 때는 집에서 과일과 채소, 향신료 같은 것들의 냄새를 맡으면서 쉽게 이 활동을 해볼 수도 있습니다.

냄새상자

준비물:

마늘 한 쪽, 바닐라꼬투리, 바질 잎, 통계피, 세이지, 로즈마리, 파슬리, 월계수 같은 방향성 허브 이파리,
삼베 또는 향주머니, 칸이 나눠진 나무상자

목표:

이 활동은 후각으로 인식하는 연습을 하기에 좋습니다.

환경:

채소밭, 과수원, 마당이나 집에서

난이도: 중간

연령: 만 3세 이상

어른의 지도 필요

이를 해볼 수도 있습니다. 한 번에 주머니 하나씩 골라서 냄새를 킁킁 맡아보고, 그 안에 무슨 재료가 담겨있는지 이름을 말해보는 겁니다. 그리고 나서 눈을 가리고, 다시 하나씩 냄새를 맡아보고는 무슨 재료인지 알아맞히는 놀이입니다. 아주 다양한 재료들의 냄새를 맡아보고, 어떤 냄새가 강렬한지 또는 불쾌한지 등 그 독특한 특성들을 인식함으로써 후각을 훈련할 수 있습니다.

방법:

우선은 냄새를 맡아볼 물건을 넣을 상자를 준비하세요. 티백 보관함처럼 칸칸이 나눠진 상자를 준비할 수 있으면 좋아요. 그렇지 않으면 카드를 이용해 보통의 종이상자 안쪽을 칸으로 나눠서 비슷한 상자를 만들어도 됩니다.

쉽게 찾을 수 있는 것들 중에서 냄새상자에 넣고 싶은 재료들을 선택하게 합니다. 텃밭이나 과수원에서 찾아보거나, 이미 집에 있는 물건들 가운데에서 골라도 됩니다. 그리고 주머니 하나 당 재료 한 가지씩 골라서 채우게 하세요. 예를 들어, 주머니 하나는 바질 잎으로, 다른 하나는 로즈마리로, 또 다른 주머니는 라벤더로 채우는 식입니다. 그리고 나서 여러 주머니들을 상자 속 작은 칸마다 하나씩 집어넣게 하세요. 이쯤에서 다양한 향을 알아맞히려는 놀

현미경으로 이끼 관찰하기

준비물:

작은 칼 또는 핀셋, 종이봉투 또는 유리병, 현미경

과정:

이끼는 공원이나 나무, 정원에서 찾을 수 있습니다. 축축하게 젖어 있고 직접 햇볕에 닿지 않는 장소들입니다. 아이와 함께 공원의 나무나 바위, 아니면 정원 벽에서 자라는 초록색 이끼를 찾아보세요. 찾아낸 이끼를 작은 칼이나 핀셋으로 집어 올리면 됩니

목표:

이 활동은 아이가 야외에서 시간을 보내게 하고 선택적 주의력과 집중력을 길러줍니다. 또한 세포의 세계에 대한 흥미를 이끌어낼 수 있습니다.

환경:

공원, 숲 또는 나무가 우거지고 북쪽을 향해 있는 길거리에서

다. 작은 양으로도 충분합니다.

　이끼를 종이봉투나 유리병에 넣어둡시다. 플라스틱 보관함은 피하세요. 플라스틱은 물을 계속 머금기 때문에 이끼가 자라도록 촉진할 수 있거든요. 일단 이끼를 채집했다면 현미경 슬라이드 위에 놓고 관찰해보면 됩니다. 성능이 낮은 현미경으로도 충분합니다. 필요하다면 아이에게 현미경이 작동하는 원리를 설명해주고, 어떻게 사용하는지 보여주세요. 그리고 이렇게 물어봅시다. "뭐가 눈에 띄니? 네가 본 것을 설명해보렴." 또한 다른 곳에서 채집한 이끼들을 더 관찰해서 비교해본 뒤 눈에 들어오는 흥미로운 부분들을 기록하게 하세요.

씨앗과 열매로 목걸이 만들기

준비물:

여러 가지 크기와 색깔의 열매(베리 종류)와 씨앗, 줄이나 천 조각, 두꺼운 바늘

목표:

이 활동은 눈손 협응력(hand-eye coordination)과 창의력, 집중력, 그리고 소근육 운동의 발달을 돕습니다.

환경:

숲이나 집에서

과정:

자연의 선물이 장신구만큼이나 아름답다고 생각해 본 적 있나요? 그렇다면 다양한 색깔과 크기의 열매와 씨앗들(빨간색이나 주황색 열매, 옥수수 알 등)을 찾으러 가봅시다. 숲속이나 과수원, 또는 정원을 거닐면서 발견할 수 있을 거예요. 계절에 따라 옥수수나 무가 빽빽하게 들어선 아름다운 밭을 방문해 아이가

옥수수 껍질을 벗겨보는 시간을 가져봐도 좋습니다. 열심히 모은 다양한 종류의 열매를 담아두기 위해 작은 통을 마련하세요. 그 후 열매를 한 알씩 꺼내서 커다란 바늘로 구멍을 뚫은 뒤 실을 꿰세요. 먼저 목걸이나 팔찌에 줄을 연결하고, 열매 하나하나를 실로 꿰세요. 그리고 마치 크리스마스 트리에 두르는 방울장식을 만들 듯 차곡차곡 이어나가보세요. 생각

했던 길이까지 목걸이가 만들어지면, 남은 끈은 잘라버리고 끝을 매듭 지으면 됩니다. 이제 오롯이 자연에서 만들어진 장신구가 준비됐네요!

들꽃 목걸이 만들기

준비물:

데이지 등 들꽃 한 다발, 중간 굵기의 바늘, 면사 혹은 나일론사

목표:

이 활동은 민첩성과 눈손 협응력, 집중력, 창의력 등을
훈련하는 데 도움을 줍니다.

환경:

정원이나 공원, 또는 집에서

과정:

큰 화단이 있는 정원, 또는 그냥 공원에서 산책을 할
수 있다면 잔디 위에 핀 들꽃을 찾아서(이미 꺾여있던
꽃이라면 더 좋겠죠) 종이봉투에 모읍니다. 집에 돌아
가서 목걸이 모양이 만들어질 때까지 나일론사나 면
사로 꽃받침 부분을 꿰어 꽃송이들을 엮습니다. 마
지막으로 매듭을 지어 동그랗게 이어주세요.

옥수수 껍질 벗기기

준비물:

우묵한 그릇과 통옥수수

난이도: 높음

연령: 만 3세 이상

어른의 지도 필요

목표:

이 활동은 아이가 야외에서 시간을 보내게 하고, 민첩성과 눈손 협응력 그리고 집중력을 발달시키는 데에 도움을 줍니다.

환경:

옥수수밭 또는 집에서

과정:

옥수수 밭에 갈 기회가 있다면 놓치지 마세요. 그렇지 않다면 마트에서 잎사귀가 붙어있는 통옥수수를 사와도 괜찮습니다. 아이를 위해 편안한 작업공간을 마련해주세요. 꽤나 시간이 오래 걸리는 작업이니까요. 옥수숫대를 하나 골라 아이에게 어떻게 손질하는지 보여주세요. 바깥쪽에 붙은 잎을 제거하고, 꼭지부터 밑동까지 위에서 아래로 껍질을 잡아당겨줍니다. 옥수수를 물로 씻고 나서 알갱이를 어떻게 떼어내면 되는지 보여주세요. 엄지손가락을 낱알에 대고 밀어서 그릇 안으로 떨어뜨리면 됩니다.

돌멩이에
물감 색칠하기

준비물:

다양한 색의 물감, 다양한 사이즈의 붓,

여러 가지 크기의 잘 닦은 돌멩이(적어도 지름이 10센티미터 이상일 것),

물 한 병, 우묵한 그릇, 해진 헝겊 조각

난이도: 중간

연령: 만 2세 이상

어른의 지도 필요

목표:

이 활동은 야외에서 할 수 있고 아이의 민첩성을 단련하고 창의력을 자극하면서 자연과의 교감을 즐기게 만듭니다.

환경:

정원, 공원, 강기슭, 숲, 마당 또는 집에서

과정:

우선, 아이와 함께 돌멩이를 찾아다니는 즐거운 시간을 보내세요. 돌멩이들은 여러 가지 모양과 크기여도 괜찮지만, 판판하고 매끈한 모양이어야 합니다. 물이나 젖은 헝겊으로 깨끗이 닦은 뒤 말리세요. 그러고 나서 아이 앞에 나란히 한 줄로 놓아주세요. 그림물감을 짤 그릇 하나와 물을 담을 그릇 하나를 준비하세요. 물은 붓을 닦는 데 사용합니다. 이제 아이가 창의력과 색채감각을 마음껏 표출하도록 내버려두세요. 원하는 대로 돌멩이에 그림을 그리고 색칠하면 됩니다. 이 활동은 야외에서 해도 좋고, 아니면 돌을 모아놨다가 비 오는 날 집에서 해도 좋습니다. 일단 모든 돌멩이를 장식했다면, 잘 마르도록 놓아두었다가, 마지막으로 이 작고 알록달록한 작품들을 전시해보세요. 더 어린 아이들은 손가락을 사용해 색칠하면서 돌멩이의 물리적인 특징들을 경험해볼 수도 있습니다.

밤톨로 동물 모양 만들기

준비물:

10~15개 정도의 밤, 도토리 몇 개, 클레이, 가위, 칼, 마커펜, 성냥, 열매, 파슬리나 바질 잎

난이도: 높음

연령: 만 3세 이상

어른의 지도 필요

목표:

이 활동을 통해 민첩성과 눈손 협응력, 그리고 구조실행능력(3차원 공간에서 여러 물건들을 밀접하게 관련 짓는 능력)을 연습할 수 있습니다. 아이들이 집중력을 훈련하고 창의력을 키우는 데 도움이 됩니다.

환경:

밤나무가 많은 숲이나 집에서

과정:

가능하다면 밤을 주울 수 있는 숲으로 가보세요. 밤을 주워서 바구니를 가득 채우는 활동은 재미있고 신이 납니다. 모든 준비물을 탁자 위 또는 편안한 작업공간에 펼쳐 놓으세요. 밤 한 알을 골라 칼이나 커다랗고 뾰족한 바늘로 작은 구멍을 네 개 뚫으세요. 성냥개비 두 개를 반으로 부러뜨려서 지금 만드는 작은 동물의 다리로 활용하세요. 이제 클레이를 사용해 동물의 눈과 코, 입을 만들어서 밤톨에 붙일 수 있습니다. 이런 식으로 원하는 만큼 여러 번 바꿔가며 밤을 장식할 수 있습니다. 또한 마커펜을 사용해서도 장식할 수 있지만, 그렇게 되면 한 가지 모습으로만 꾸밀 수 있게 됩니다. 그 다음에는 이쑤시개

로 꽂은 열매라든지 파슬리나 바질 잎 같은 재료들로 장식을 다양하게 더해볼 수 있습니다. 또한 밤과 도토리를 성냥개비 양 끝에 꽂아서 연결하면 사람의 머리와 몸통을 만들 수 있습니다.

자연 속에서 꽃 그리기

준비물:

편지지 크기의 스케치북 또는 캔버스와 이젤,
HB연필, 지우개, 연필 깎기, 색연필(또는 포스터물감과 붓, 크레파스, 또는 핑거페인트), 그리고 접의자.

목표:

이 활동은 자연과 직접 교감하기 좋습니다. 구조실행능력과 선택적 주의력 그리고 집중력을 훈련할 수 있고 평정심을 키우는 데 도움이 됩니다.

환경:

정원, 공원, 숲 또는 화단에서

과정:

나무나 땅에 여러 가지 꽃이 많은 장소로 갑니다. 가장 주의를 끄는 꽃을 찾아보게 하세요. 꽃 앞에 이젤을 세우고 캔버스를 올려놓거나 무릎 위에 스케치북을 올려둬도 괜찮습니다. 의자나 땅바닥에 앉아서 꽃을 그리거나 색칠하게 하세요. 줄기부터 꽃자루와

난이도: 낮음

연령: 만 4세 이상

어른의 지도 필요

꽃잎까지, 구석구석을 살펴본 뒤 가능한 한 정확하게 따라 그리게 해보세요. 마지막으로 그림을 색칠합니다.

　나이가 더 많은 아이들은 꽃의 특성을 나타내는 사진을 미리 인쇄해두었다가 실제로 그 꽃을 찾아볼 수도 있습니다. 연필로 그리거나 수채화로 나타내는 등 어떤 재료를 사용할 것인지를 선택해도 됩니다. 더 어린 아이들은 크레파스나 핑거페인트로 꽃을 그려도 좋습니다.

자연의 재료로 만든 스텐실과 도장

준비물:

나뭇잎 몇 장, 파프리카, 사과, 양파, 칼, 물감 또는 식용색소, 붓, 인쇄용지 또는 마분지, 먹지 않을 아무 과일이나 채소 가능

난이도: 낮음

어른의 지도 필요

연령: 만 2세 이상

목표:

이 활동은 눈손 협응력을 발달시키고 아이의 촉감을 개발하는 데 도움이 됩니다.

환경:

집에서

과정:

스텐실을 할 수 있는 재료들을 준비합니다. 지나치게 마르지 않은 나뭇잎으로 몇 장 골라주세요. 너무 마른 나뭇잎은 부서지기 쉽거든요. 붓을 사용해 원하는 색으로 나뭇잎을 색칠하게 하세요. 수채화용 물감이면 충분합니다. 그 다음 선택한 과일과 채소 (예를 들어, 파프리카와 양파, 사과 등)를 반으로 잘라서 안쪽을 물감이나 식용색소로 칠합니다(식용색소를 사용하면 활동 후에 다시 음식으로 재활용할 수 있어요). 종이나 마분지를 꺼낸 뒤, 과일이나 채소를 뒤집어서 종이에 찍고 몇 분 동안 눌러주세요. 그러면, 짜잔! 도장이 만들어집니다. 아이들이 종이나 마분지 위에 원하는 대로 모든 스텐실을 만들며 놀 수 있게 내버려두세요.

감자도장으로 찍는 별빛

준비물:

커다란 크기의 오래된 감자, 칼, 별모양 쿠키커터, 물감 또는 식용색소, 붓, 파란색이나 검은색 포스터보드

목표:

이 활동은 소근육 발달에 좋습니다.

환경:

집에서

과정:

아이와 함께 감자껍질을 깔끔하게 씻고 말린 후 감자를 반으로 자릅니다. 스테인리스 스틸 재질의 별모양 쿠키커터(너비가 5센티미터 이하인 것으로 준비해주

세요)로 반으로 자른 감자의 단면 위에 대고 꼭 눌러서 별모양이 드러나게 만듭니다. 그 후 작은 칼을 이용해서 별모양 주변의 감자를 떼어내요. 아이와 함께 흰색이나 노란색으로 별모양을 색칠합니다. 그 다음에는 포스터보드 위에 아이가 자유롭게 별모양

을 찍도록 해주세요. 아이와 함께 물감이나 식용색소로 별모양을 색칠한 뒤 계속 포스터보드 곳곳에 찍어 공간을 채워나가 봅시다. 작업이 끝나면 침실 벽에 걸어둘 아름다운 별밤 그림이 완성돼요.

71

관찰쟁반을 만들어
돋보기로 들여다보기

준비물:

다양한 자연의 물건(나뭇잎, 나뭇가지, 풀, 흙 부스러기, 바위, 꽃 등), 쟁반, 돋보기

목표:

이 활동은 아이들이 자연의 다양한 모습을 탐색해보도록 장려하고 집중력과 선택적 주의력을 키워줍니다.

환경:

공원, 숲, 정원 또는 집에서

과정:

먼저 '관찰쟁반'에 들어갈 만큼 흥미로운 자연의 물건들을 찾으러 숲이나 공원으로 가봅시다. 나뭇잎, 나뭇가지, 나무껍질 조각, 바위, 풀잎, 흙 한 움큼, 꽃 등 아이의 호기심을 북돋을 만한 것은 무엇이든 모아주세요. 일단 집에 돌아와서는 이 모든 물건들을 쟁반에 폅니다. 취향에 따라 작은 유리병이나 주머니에 모아도 괜찮습니다. 그러면 망가지지 않을 테니까요. 아이에게 관찰도구(돋보기)를 건네주세요. 도구를 어떻게 사용하는지 보여주면서, 작동 원리가 무엇인지 설명해주세요. 그리고 이 렌즈는 물건의 모습을 엄청나게 확대해주기 때문에 세세한 부분까지 더욱 잘 살펴볼 수 있게 해준다고 설명해주세요.

아이들이 돋보기로 실험해보게 한 뒤 맨눈으로는 무엇을 볼 수 있는지, 반대로 돋보기로는 어느 부분에 주목하게 되는지 차이점을 말로 표현하게 해주세요. 가끔씩 관찰쟁반에 올라가는 물건들을 바꿔주세요.

난이도: 낮음

연령: 만 2세 이상

어른의 지도 필요

자연의 재료로 만든 모빌

준비물:

줄이나 면끈 한 타래, 낚싯줄, 가위, 굵은 바늘, 나무로 된 빨래집게 12개, 나뭇잎, 꽃, 도토리, 조개껍질

목표:
이 활동은 구조실행능력과 소근육 운동 그리고 집중력 훈련에 도움이 됩니다.

환경:
정원, 공원, 숲 또는 집에서

과정:
나뭇잎이나 나뭇가지, 꽃, 도토리, 솔방울 같은 자연의 재료를 모아주세요. 공원이나 정원, 또는 숲속에서 쉽게 모을 수 있습니다. 아이와 함께 집에서 모빌로 꾸미고 싶은 벽이나 다른 구조물이 있는지 살펴보세요. 끈이나 낚싯줄을 꺼내어 장식하려고 계획한

공간에 가장 잘 맞는 길이로 잘라내세요. 나무로 된 빨래집게를 이용해 자연에서 찾은 오브제들을 하나씩 줄에 매달아 봅니다. 연령대가 높은 아이들과 작업할 때는 나뭇잎이나 조개껍질 같은 물건들은 낚싯줄과 굵은 짜깁기 바늘 또는 일반 바늘로 꿰어보는 것도 좋습니다. 바늘은 구멍을 뚫고 줄을 통과시켜서 나뭇잎들을 서로 이어줄 때만 필요하답니다. 하지만 조개껍질에 작은 구멍을 뚫을 때는 어른이 먼저 칼로 껍질 끄트머리에 구멍을 뚫어주어야 합니다. 조개껍질이 큰 편이라면 면끈을 사용해도 됩니다. 자연의 재료를 하나씩 줄에 통과시켜 나란히 이

어주세요. 그리고 꼭대기 부분에는 줄을 조금 더 길게 남겨놓으세요. 이 꼭대기 부분은 더 굵은 줄에 묶을 겁니다. 아니면 나뭇가지에 묶을 수 있으면 더 좋습니다. 똑같은 작업을 반복해서 이런 줄을 3~4개 정도 만들고 난 뒤 나뭇가지에 나란히 매달아주세요. 장식줄이 아래로 조르륵 떨어져서 대롱거리게 만들어주세요. 그리고 나뭇가지의 양 끝은 문이나 입구에 고정시키면 됩니다. 집에 신생아가 있다면 이 아름다운 자연의 모빌을 만들어서 아기요람의 위나 옆에 매달아서 아기의 주의를 끌 수도 있습니다.

민들레꽃으로 그린 그림

준비물:

민들레꽃송이, 포스터물감 또는 수채물감, 편지지 크기의 인쇄용지, 가위

난이도: 낮음

연령: 만 2세 이상

어른의 지도 필요

목표:

이 활동을 통해 아이가 자연과 교감하면서 창의성과 소근육을 발달시킬 수 있습니다.

환경:

공원, 정원 또는 집에서

과정:

아이와 함께 풀밭에서 민들레꽃들을 채집해주세요. 꽃의 줄기를 손에 쥐기 편한 길이로 잘라내세요. 포스터물감이나 수채물감을 푼 그릇에 부드럽게 꽃을 담그세요. 색깔마다 다른 꽃을 사용합니다. 원하는 만큼 물을 더해서 색을 어느 농도로 사용하면 좋을

지 시험해보세요. 이제 종이 위에 아이가 마음 내키는 대로 꽃을 도장삼아 콩콩 찍어보기도 하고 붓처럼 이용해 그림을 그려보게 하세요. 동그란 모양을 만들어서 비눗방울을 표현할 수도 있고, 아니면 꽃이나 표범무늬 같은 것을 그려볼 수도 있습니다. 아이가 원하는 것은 무엇이든 자유롭게 만들어내도록 내버려두세요. 그림이 마를 때까지 기다렸다가, 잠시 작품을 감상해봅시다. 계절이 바뀔 때마다 마당이나 공원에서 찾아낸 다른 종류의 꽃잎으로도 이 활동을 해볼 수 있습니다.

다양한 자갈로 돌탑 쌓기

준비물:

매끈하고 납작하며 둥그스름한 자갈 15~20개, 에코백 5개,
구둣솔이나 안 쓰는 칫솔, 물 한 그릇, 낡은 천 조각

목표:

이 활동은 야외를 탐험하며 자연과 교감하게 해줍니다. 물체의 특징을 인
식해 비교하는 능력을 훈련하고 집중력, 차분함을 기르며 움직임을 조절
하는 연습을 하는 데에도 도움이 됩니다.

난이도: 낮음

연령: 만 2세 이상

어른의 지도 필요

환경:

바닷가, 길가 또는 암석정원에서

환경:

아이와 함께 돌멩이를 많이 찾을 수 있는 곳으로 가 보세요. 예를 들어 강기슭이나 자갈해변, 아니면 암석정원 같은 곳입니다. 다양한 크기의 자갈을 모아 보세요. 크기별로 적어도 다섯 무리나 여섯 무리 정도를 모은 뒤에 타원 모양을 한, 매끈매끈하고 그다지 두텁지 않은 돌들로 골라봅니다. 이제는 크기에 따라 각기 다른 가방에 자갈들을 담습니다. 커다란 자갈은 지름이 적어도 25센티미터 정도 되어야 하는데, 이건 돌탑의 밑단이 되어줄 겁니다. 그리고 점점 더 작은 크기로, 지름이 약 5센티미터 정도 되는 자갈까지 모아봅니다. 자갈들을 그릇에 넣고 깨끗이 씻으며 남은 흙들을 제거한 뒤 천 조각으로 물기

를 닦아내세요. 필요하다면 구둣솔, 아니면 더 간단하게는 안 쓰는 칫솔로 닦아도 됩니다. 그 다음에는 편편한 땅을 찾아서 함께 돌탑을 만들기 시작하세요. 자갈 크기가 작은 순서로 가방들을 내려놓고, 안에 들어있던 자갈들을 꺼내놓은 뒤 하나씩 가장 큰 것부터 가장 작은 것까지 순서대로 차곡차곡 쌓습니다. 아이가 돌멩이들의 균형을 맞추느라 애쓰는 모습을 지켜봐주세요.

더 어린 아이들은 자갈 크기에 따라 줄을 세우며 놀 수도 있고, 아니면 그냥 두세 개의 돌멩이로 더 간단한 돌탑을 만들어도 됩니다.

여러 가지 씨앗 분류하기

준비물:

커다란 컵, 다양한 종류의 씨 한 움큼(옥수수, 양귀비씨, 호박씨, 마른 콩, 마른 렌틸콩, 마른 병아리콩 등),
씨앗별로 담을 수 있는 유리잔 여러 개

목표:

이 활동은 아이들이 시각과 촉각을 통해
정보를 분류하고 소근육을 발달시키는
데 도움이 됩니다.

환경:

집에서

난이도: 낮음

어른의 지도 필요

연령: 만 2세 이상

과정:

아무 재료로나 할 수 있는 아주 간단한 활동이지만, 이 책에서는 다양한 색깔과 크기를 가진 씨앗들로 해보겠습니다. 아이에게 커다란 컵에 씨앗들을 모두 섞어달라고 부탁하세요. 씨앗을 한 종류씩 담을 수 있게 여러 개의 유리잔이나 유리병을 준비한 뒤, 앞서 씨앗을 섞어둔 커다란 컵 앞에 일렬로 놓아주세요. 유리잔마다 씨앗을 종류별로 한 알씩 넣어둔 뒤, 어떻게 분류하면 되는지 아이에게 보여주세요. 그리고 그 뒤를 이어 아이가 혼자 분류해서 넣을 수 있게 해주세요. 이 활동은 더 어린 아이들도 할 수 있지만, 씨앗 때문에 위험한 반응에 노출돼서는 안 됩니다. 따라서 어른들이 반드시 지켜보는 상황에서만 활동을 해보기를 권장합니다.

색분필과 꽃잎으로 꾸민 만다라

준비물:

색분필 한 팩과 색깔 있는 꽃잎 한 봉지

목표:

이 활동을 통해 아이는 자유롭게 창의력을 발휘하면서 차분함과 집중력을 높일 수 있습니다.

환경:

마당, 공원, 안뜰 또는 집에서

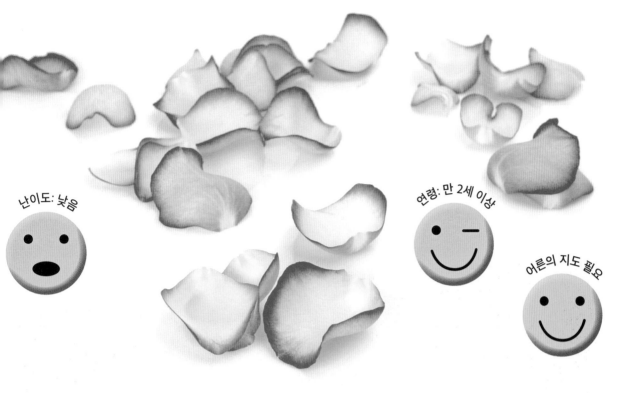

난이도: 낮음

연령: 만 2세 이상

어른의 지도 필요

과정:

정원이나 공원에서 다양한 색깔과 크기의 꽃잎을 한 봉지 정도 채집한 뒤, 마당이나 길에서 평평한 곳을 찾습니다. 또는 비 오는 날에는 집에서 바닥에 커다란 마분지를 놓고 만다라를 만들 기본판으로 삼아도 괜찮습니다. 색분필을 사용해서 커다란 원을 그리세요. 이 원은 그림을 채워 넣을 틀이 됩니다. 인터넷에서 '만다라'가 무엇인지 찾아본 뒤 준비해놓은 문양을 따라 그려도 되고, 아니면 아이가 원하는 대로 자유롭게 모양을 그려도 괜찮습니다. 아이는 색분필로 문양을 따라 그린 뒤, 그 선 위로 꽃잎들을 펼쳐놓으면 됩니다.

눈 위의 컬러링

준비물:

3개 이상의 스퀴즈보틀, 물, 가루로 된 물감이나 양념

난이도: 중간

연령: 만 3세 이상

어른의 지도 필요

목표:

이 활동을 통해 겨울에도 야외활동을 하면서 창의력을 키울 수 있습니다.

환경:

단단하게 다져진 눈밭

과정:

눈이 쌓인 산으로 떠난 여행이나 처음으로 함박눈이 내린 정원은 눈 위에 색을 칠하고 그림을 그려볼 수 있는 훌륭한 기회가 됩니다. 우선 작은 구멍으로 액체를 짜낼 수 있는 뚜껑이 달린 물병을 원하는 색깔의 종류만큼 준비합니다. 물에 가루로 된 물감을 풀어주세요. 아니면 가루로 된 양념(강황, 파프리카, 커피, 사프란 등)을 사용해도 괜찮습니다. 중요한 것은 물통에 색깔 있는 물을 담아 뿌리는 거니까요. 잘 다져진 눈이 있는 곳을 찾아 그 위로 재미있게 물감을 뿌려보게 하세요. 문양을 만들고, 모양도 그리고, 아니면 그냥 군데군데 색깔을 흩뿌려도 좋습니다.

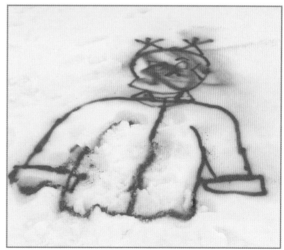

마른 과일과
곡물을 이용한 모자이크

준비물:

다양한 색깔과 크기의 씨앗, 곡물,

열매(하얀 콩, 검은 콩, 빨간 렌틸콩, 초록 렌틸콩, 귤씨, 완두콩, 호박씨, 양귀비씨, 검은 후추열매, 병아리콩, 산사 등),

씨앗을 넣어둘 수 있는 병들, 인쇄용지나 널빤지 또는 마분지, 물풀, 그리고 연필

난이도: 중간

연령: 만 3세 이상

어른의 지도 필요

목표:

이 활동은 눈손 협응력과 소근육 발달을 도와줍니다.

환경:

집에서

과정:

다양한 색깔과 크기의 곡물과 열매(건조식품을 파는 가게에 가면 온갖 종류를 구입할 수 있어요)를 모아서 갖가지 종류의 모자이크를 구성할 수 있습니다. 먼저, 만들고 싶은 모자이크 무늬를 검색해서 프린트하거나, 종이나 마분지 위에 연필로 그리세요. 예를 들어, 이 페이지에 실린 사진처럼 나비, 당근, 애벌레, 물고기, 도마뱀, 호박 그리고 수박조각 등의 문양을 만들 수 있습니다. 곡물들을 각기 다른 병이나 보관 용기에 나눠 담고, 앞에 놓아두세요. 이 페이지에 나오는 사진들처럼 곡물을 한 번에 하나씩을 골라서 그림 위에 올리세요. 일단 이런 문양들에 익숙해지면 이를 고정시켜서 작품으로 만들어줘도 좋습니다. 씨앗 한 알 한 알에 풀을 발라서 준비해둔 그림 위에 붙여나가세요. 자연으로부터 아름다운 그림을 만들 수 있답니다!

나뭇잎으로 문양 만들기

준비물:

다양한 모양과 크기, 색깔의 나뭇잎, 눈알 스티커, 종이,
마분지 또는 널빤지

난이도: 중간

어른의 지도 필요

연령: 만 3세 이상

목표:

이 활동은 구조실행능력을 키워줍니다.

환경:

공원이나 정원 또는 집에서

과정:

공원이나 정원에서 다양한 모양과 크기, 색깔의 나뭇잎들을 모으세요. 좁고 뾰족한 모양도 좋고, 길쭉하게 둥근 모양, 아니면 동글동글한 중간 크기 나뭇잎도 좋습니다. 나뭇잎들을 분류해 쌓아두고, 작업공간(마분지, 인쇄용지, 또는 나무도마도 괜찮아요) 앞에 놓아둡니다. 그 다음에는 이 페이지에 실린 사진들처럼 차근차근 고양이나 강아지 모양을 만들게 하세요. 남는 스티커나 씨앗 등으로 눈이나 코를 만들어가며 장식할 수도 있습니다.

콩으로 새 모양 만들기

준비물:

빨간 렌틸콩과 검은 렌틸콩으로 가득 찬 유리병 두 개, 검은색 마분지 또는 포스터보드,
굵은 심의 하얀 색연필, 물풀 또는 고체풀, 실과 바늘

목표:

이 활동은 눈손 협응력과 소근육을 발달시킵니다.

환경:

집에서

과정:

하얀 색연필로 검은 포스터보드 위에 제비 모양을
그리게 하세요. 그 후 새 모양을 따라 가위로 잘라낸

뒤 꼭대기에 바늘로 구멍을 뚫어주세요. 이제 실을
꿰어 매달 수 있게 만드세요.

  잘라낸 새 모양 위에 물풀이나 고체풀을 꼼꼼하게
발라줍니다. 이제 다음 사진에서 보여주는 대로 빨
간 콩과 검은 콩을 한 알씩 붙여줍니다. 다양한 색깔
의 콩을 섞어주면 좀 더 화려한 색감의 새를 만들 수
있습니다.

나뭇조각으로 모양 표현하기

준비물:

다양한 모양과 크기의 나뭇가지와 나뭇조각, 장식에 쓸 씨앗과 나뭇잎

목표:

이 활동은 지각능력과 구조실행능력을 훈련하는 데 도움이
됩니다.

환경:

공원, 정원, 숲, 바닷가 또는 집에서

과정:

공원이나 정원, 숲, 바닷가에서 갖가지 크기의 막대
기를 모을 수 있습니다. 아니면 통나무에서 나무껍질
을 떼어낼 수도 있습니다. 흙이나 먼지를 제거하기
위해 천 조각으로 깨끗이 닦아주세요. 더 어린 아이
들은 나무막대기의 크기를 가지고 놀 수 있어요. 점
점 더 커지게, 아니면 점점 더 작아지게 순서대로 나

난이도: 중간

연령: 만 4세 이상

어른의 지도 필요

열해보는 거예요. 반면에 좀 더 연령이 높은 아이들
은 모양과 그 다양한 무늬에 따라 동물모양을 만들며
놀 수 있습니다. 구석구석 세밀한 부분까지 꾸밀 때
는 씨앗이나 나뭇잎을 사용해도 됩니다. 여기에 실린
사진을 참고해보는 것도 좋습니다.

▵ ▿ ▵ ▿   자연 속에서 움직이기   ▵ ▿ ▵ ▿

자연과 친해지기 위해서는 자연을 직접 경험하는 것 만큼 좋은 방법은 없습니다. 몸으로 직접 부딪혀 자연을 탐구하는 것이지요.

시대가 변하면서 우리는 주로 앉아 지내는 생활방식을 갖게 되었고, 몸의 여러 부위 움직임에 영향을 미치는 대근육 운동기능(gross motor skill)을 점점 활용하지 않게 되고 있습니다. 그러나 이러한 생활은 아이의 욕구에 부합하지 않습니다.

아이들은 달리고, 뛰어넘고, 깡충깡충 뛰고, 기어오르고, 또 자기의 몸을 사용하는 법을 배우고 싶은 엄청난 욕구를 가지고 있기 때문입니다.

이번에 다룰 활동들은 야외에서 해볼 수 있는 것들입니다. 숲속에서, 공원에서, 아니면 정원 같은 곳에서. 이 활동들은 감각적인 측면에서 자연과 친숙해지게 해주고, 아이들의 운동기능을 훈련시켜줍니다. 아이들은 물웅덩이로 찰박 뛰어들기도 하고, 늙은 나무의 커다란 뿌리 위에서 균형을 잡거나, 아니면 덤불 속에 숨겨진 경이로움을 발견하게 될 것입니다. 자연환경은 우리가 누릴 수 있는 가장 다채롭고 자극적이며 재미있는 배움의 장소입니다. 맨발이어도 충분히 안전한 상황에서 아이들이 자유롭게 탐색하고 돌아다니게 내버려두세요. 아이들이 관찰하고 집중하는 순간을 존중해주세요. 그리고 아이들이 스스로 발견한 것들을 감상할 수 있도록 어른들은 조금 천천히 걸어보는 건 어떨까요? 아이들의 탐구심과 호기심을 진심으로 소중하게 여겨주세요.

비가 그치고 난 뒤
물웅덩이에 풍덩!

준비물:

레인부츠 한 켤레

 난이도: 낮음

 연령: 만 2세 이상

 어른의 지도 필요

목표:

이 활동은 마음을 열고 자유롭게 자연과 교감할 수 있게 해줍니다.

환경:

물웅덩이가 있는 곳이라면 어디든지

과정:

어둑어둑하고 비가 오는 날에도 자연을 발견할 수 있는 기회는 있습니다. 비가 한바탕 쏟아지고 난 뒤 아이가 레인부츠를 신고 바깥에 나가 물웅덩이에 관심을 가질 기회를 경험하게 해주세요. 물웅덩이는 어떤 색깔인지, 물속에 돌멩이를 던졌을 때 잔물결이 어떻게 퍼져나가는지, 그리고 물웅덩이를 들여다봤을 때 자기 모습이 어떻게 비치는지 관찰할 수 있게 말입니다. 물론 두 발로 물웅덩이에 뛰어들어 자유롭게 물을 경험하게도 해주세요. 두 발을 모아 풍덩 뛰어들거나, 물방울이 잔뜩 튀게 빠르게 쿵쿵 발을 구르는 겁니다. 분명 즐거운 시간을 보내게 될 겁니다!

돌에서 뛰어다니기

준비물:

편안한 신발

목표 :

이 활동은 마음을 열고 자유롭게 자연과 교감하고 운동기능을 연습하는 데 도움이 됩니다.

환경:

숲속 또는 공원에서

과정:

숲이나 공원에 가서 나란히 붙어 있는, 아니면 서로 가까운 거리를 두고 떨어져 있는 둥근 바위나 돌을 만난다면 아이가 한 번 그 위에서 균형을 잡아보고 두 발로 뛰어볼 수 있게 기회를 주세요.

난이도: 낮음

연령: 만 2세 이상

어른의 지도 필요

아이의 연령에 맞게 안전한 표면과 높이를 골라주세요. 처음에는 어른의 손을 잡고 뛰어볼 수 있게 해주는 것도 좋습니다. 아이가 자기 몸을 조절하는 데 익숙해질 수 있게 해주세요.

균형 잡고 걷기

준비물:

편안한 신발

목표:

이 활동은 마음을 열고 자연과 자유롭게 교감할 수 있게 도와줍니다. 그리고 자기 몸을 자각하고 운동기능을 연습할 수 있게 해줍니다.

환경:

숲이나 공원에서

과정:

숲이나 공원에서 쓰러진 나무줄기나 뿌리를 만나면 잠시 멈춰서, 아이가 그 위에 올라가 떨어지지 않으려고 균형을 유지하며 자기 몸을 통제하는 감각을 연습하는 기회를 주세요. 나무줄기 위를 걸어보라고 아이에게 제안해보세요. 그리고 떨어지지 않게 균형을 잘 잡아보도록 응원해주세요. 어떻게 하면 되는지 어른이 직접 방법을 보여주고 아이에게 한 번 해보라고 권해주세요. 그리고 발과 다리, 팔 그리고 등이 어떤 자세를 취하는지 관찰해보라고도 해주세요. 이 활동을 여러 곳에서 반복해봅니다. 더 어린 아이들도 어른이 손을 잡아준다면 균형잡기 놀이를 함께 할 수 있습니다.

풀밭에서 재주 넘기

목표:

이 활동은 자연과 교감하는 동안 자기 몸을 자각하는 법을 배우고 운동기능을 연습할 수 있습니다.

환경:

공원이나 마당에서

과정:

공원이나 마당의 고르게 잘 베어진 풀밭을 발견한다면 전신운동을 연습할 수 있는 좋은 기회이니 놓치지 마세요. 아이가 재주넘기를 시도하면서 자기 몸의 움직임을 스스로 깨닫게 해주세요. 아이와 나란히, 풀밭 위에 등을 대고 눕는 것에서 시작해봅시다. 풀과 맞닿는 기분을 느껴보고, 어떻게 느끼는지 서

로 설명해보세요. 그리고 촉각을 자극하세요. 그 후 옆으로 몸을 굴려서 온몸을 한 방향으로 움직일 때, 그 다음에는 반대 방향으로 움직일 때 느껴지는 감각을 경험해보세요.

마지막으로 팔꿈치와 무릎을 이용해 풀밭을 기어봅니다. 목표까지 기어가는 간단한 시합도 해보면 좋습니다.

5세 정도가 되면 재주넘기를 시도하게 해보세요. 재주넘는 방법을 아이에게 차근차근 보여주세요. 그 후 여러 단계에서 아이를 도와주세요. 이 방법으로 아이들은 훨씬 더 안전하고 의식적으로 몸의 움직임을 연습할 수 있습니다.

맨발로 걷기: 감각의 통로

준비물:

활동이 끝난 후 발을 닦을 물티슈(또는 우묵한 그릇 하나와 물 한 병, 비누)

목표:

이 활동은 아이의 운동기능과 자세를 발달시켜주고 촉감을 자극해줍니다. 그리고 자연을 탐험해볼 용기를 줍니다.

환경:

숲이나 공원, 정원이나 바닷가

난이도: 낮음

연령: 만 1세 이상

어른의 지도 필요

과정:

숲이나 공원 또는 정원으로 나가봅시다. 아이가 맨발로 나갈 수 있게 해주세요. 그래야만 땅과 교감하고 땅이 가진 모든 특성들을 경험할 수 있게 됩니다. 가능하다면 어른도 함께 맨발로 나가는 게 좋습니다. 땅이 어떻게 느껴지는지 주의를 기울이세요. 땅의 감촉을 느껴보세요. 차갑나요, 따뜻한가요? 강한 냄새를 가졌나요? 부드럽나요, 뽀송뽀송한가요, 아니면 축축한가요? 아니면 미끄럽나요? 자갈에서 흙, 풀 또는 마른 땅으로 옮겨가면서 이런 감각이 어떻게 변하는지 한 번 살펴보세요. 다양한 특성을 가진 지면을 찾지 못했다면 땅바닥에 다양한 요소들을 늘어놓아서 감각적인 여정을 만들어낼 수도 있습니다. 예를 들어 커다랗고 매끈매끈한 돌, 자갈, 줄기째 꺾어온 꽃잎, 나뭇잎, 모래, 젖은 흙 같은 것들입니다.

맨발로도 안전하게 걷기에 알맞은 (유리조각이나 플라스틱, 또는 커다란 돌조각 등이 없는) 땅이 나타날 때마다 아이가 자유롭게 탐험할 수 있게 해주세요. 풀밭을 걷거나 흙을 밟거나, 바다에서 모래 위를 걸을 수 있게 해주세요.

105

야외에서 보물찾기

준비물:

찾으려는 물건의 사진(신문이나 잡지에서 오려낸 그림도 괜찮아요),
작은 배낭, 찾아낸 물건을 모을 유리병이나 작은 단지

목표:

이 활동은 아이들이 자연을 탐험할 수 있도록 격려해주면서 선택적 주의력과 시각적 인지력을 강화시켜줍니다. 또한 차분함과 인내심을 길러주기에도 좋습니다.

환경:

바닷가, 숲, 공원, 정원 또는 과수원

과정:

장소를 정하고 그 장소에서 비교적 쉽게 찾을 수 있는 몇 가지 대상을 정하세요. 예를 들어 바닷가에서는 조개껍질을, 나무가 우거진 곳에서는 식용버섯을, 공원에서는 솔방울을, 과수원에서는 딸기를, 목초지에서는 데이지꽃을 찾아보는 것입니다. 찾아보

려는 대상의 사진을 인쇄해서 가지고 다니세요. 사진 속 대상을 자세히 들여다보세요. 대상의 모양과 색깔, 크기를 주목하는 거예요. 아이와 함께 어디서 더 쉽게 찾을 수 있을지 생각해보세요. 땅 위일까요? 나무에서일까요? 아니면 덤불 속일까요?

사계절을 간직하기

준비물:

스케치북, 색연필, 상자, 사계절의 다양한 순간들을 담은 사진

목표:

이 활동은 아이가 자연의 시간을 경험하게 해주고, 관찰에 대한 호기심을 자극해줍니다. 계절의 개념과 계절마다 특징적으로 나타나는 자연의 변화를 직접적인 경험을 통해 쉽게 배울 수 있습니다.

환경:

공원, 정원, 숲, 채소밭이나 과수원에서

과정:

지금은 무슨 계절인가요? 어떤 자연의 요소를 보면 지금이 무슨 계절인지 알 수 있나요?

이 질문들은 우리가 활동을 시작하면서 곰곰이 생각해봐야 할 것들입니다. 아이에게 계절의 개념과 시간의 흐름을 알려줄 때 함께 이야기를 나눠보세요. 책과 잡지들을 훑어보고, 일 년 중 여러 가지 다

난이도: 중간

연령: 만 4세 이상

어른의 지도 필요

양한 순간을 보여주는 사진들을 살펴보세요. 그리고 그 계절에만 볼 수 있는 중요한 정보들을 한 번 관찰해보세요.

그 후 채소밭이나 과수원, 공원, 숲 등 바깥으로 나가보세요. 그리고 지금의 계절을 알아볼 수 있는 요소들을 찾아보며 천천히, 조심스레 걸어보세요.

잎사귀와 꽃, 싹, 아니면 열매를 찾아보며 나무를 관찰해보세요. 아이가 발견한 것을 그림으로 그려보도록 해주세요. 그리고 발견한 모든 것들을 상자 안에 담아두세요. 한 계절에 한 가지씩, 일 년 동안 보관하는 겁니다. 원한다면 사진을 찍어둬도 됩니다.

사계절을 한 번씩 거친 후, 계절이 바뀔 때 어떤 변

109

화가 있었는지 되돌아보는 것도 재미 있습니다. 아이와 함께 이 활동을 하면서, 사진이나 그림, 또는 상자 안에 넣어 두었던 물건들을 살펴보세요.

계절에 따라 다음과 같은 것들을 찾아볼 수 있어요.

봄: 꽃봉오리, 들꽃, 제비, 곤충(벌, 나비, 무당벌레), 딸기

여름: 초록빛 나뭇잎과 나무에 열린 과일, 마른 땅, 수박밭

가을: 노랑, 주황, 빨강 등 다양한 색깔로 물든 나뭇잎, 솔방울, 밤, 호박밭, 옥수수가 잔뜩 열린 밭

겨울: 눈, 언 땅, 얼음, 낙상홍이나 호랑가시나무 열매

새를 찾아 관찰하기

준비물:

인터넷 검색을 위한 컴퓨터(또는 새 도감), 프린터, 망원경

목표:

이 활동은 전적으로 자연을 발견하기 위한 활동입니다. 아이들의 호기심과 인식능력을 자극해주고, 차분함과 자제력의 발달을 돕고 감정을 조절할 수 있게 해줍니다.

환경:

공원, 마당, 숲, 채소밭 또는 과수원에서

과정:

아이들은 종종 날 수 있는 능력을 가진 이 작은 생명체에 마음을 빼앗깁니다. 아이들의 호기심을 최대한 활용해서 새와 더 가까워지는 시간을 가져봅시다. 인터넷을 검색해서 숲이나 마당, 또는 집 근처 공원에서 만나볼 수 있는 새의 종류들에 대한 정보를 찾

아보세요. 그 중에서 가장 찾기 쉬운 몇몇 새들을 선택해 그 사진을 프린트하세요. 아이와 함께 선택한 새의 습성에 관한 정보를 검색해보세요. 무엇을 먹는지, 어디에 둥지를 만드는지 같은 정보들을 말입니다. 이제 알아야 할 모든 것을 알았다면 새의 사진을 가지고 마당, 채소밭, 과수원, 공원이나 숲 등 그 새와 마주칠 만한 장소로 나가봅시다. 아이와 함께 새의 깃털, 색상, 크기, 부리모양 같은 신체적 특징을 다시 되짚어보고 자연 속에서 알아보도록 노력해보세요.

일단 새를 발견하면, 잠시 발길을 멈추고 관찰합니다. 필요하다면 망원경의 도움을 얻어도 됩니다. 새가 놀라지 않도록 천천히 움직이고 소음을 많이 내지 않는 것이 중요하다는 것을 잊지 마세요. 아이에게 동기를 북돋아주기 위해서는 제비처럼 쉽게 만날 수 있는 새로 시작해야 합니다. 그리고 선택한 새를 만나지 못하더라도 아이가 낙담하지 않도록 도와주세요. 마치 일종의 보물찾기나 숨바꼭질 놀이라도 되는 것처럼, 새를 찾으러 몇 번이나 나갈 수 있다고 안심시켜 주세요.

△▽△▽　　살아있는 생명 돌보기　　△▽△▽

풀이나 꽃, 아니면 동물처럼 살아있는 작은 생명체를 돌보는 일은 아이가 타고난 내면의 본능을 충족시켜줍니다. 아주 어렸을 적부터 우리 아이들은 누군가를 또는 무엇인가를 돌보는 것이 어떤 기분인지, 그리고 특히 자기보다 작거나 연약한 존재의 행복을 북돋아주고 지켜주기 위해 여러 행동을 하고 조치하는 것이 어떤 느낌인지 경험할 필요가 있습니다.

이토록 아이가 타고난 성향을 잘 가꿔서 다른 사람들의 욕구를 인지하고 존중하는 법을 배우고, 그래서 공동체 안에서 살아가는 법을 배우는 것은 매우 중요합니다. 작은 발코니에 어린 화초를 심어서 매일 보살피고, 아니면 구멍 뚫린 상자에 달팽이를 키우면서 돌보는 것만으로도 충분합니다. 또는 풀밭을 찾아가서 곤충들을 살펴보고 자연 속에서 곤충들의 습성을 존중하는 법을 배우는 것도 좋습니다.

모든 활동이 아이들의 손이 닿는 범위 내에서 이뤄지는 것이 도움이 됩니다. 그래야만 아이가 가만히 서서 어른이 하는 모습을 지켜보기보다는 직접 행동할 테니까요. 아이가 직접 땅을 파고, 작은 갈퀴나 삽으로 흙을 뒤집고, 씨를 심게 해주세요. 그리고 물뿌리개를 이용해 새싹에 물을 주고 낡은 천으로 잎사귀를 잘 닦게 해주세요. 새들이 먹을 먹이를 직접 손으로 섞고 동글동글 빚어볼 수 있게 해주세요.

모든 형태의 자연관찰은 탄생부터 죽음까지 시간의 흐름에 따른 생명의 변화와 발달의 단계를 가르쳐줄 수 있는 놀라운 방법입니다. 다음에 나오는 활동들은 집중력이 필요합니다. 아이들은 자기 행동에 관심을 기울이고 끈기 있게 기다려야 합니다. 아이들은 실수로부터 배울 것입니다. 그리고 자신의 보살핌이 만들어낸 결과를 보고 크게 만족하게 될 것입니다.

유리병에서
콩의 싹 틔우기

준비물:

콩 한 알, 유리병, 종이타월 몇 장 또는 솜 조금, 물 한 잔, 카메라(선택)

목표:

이 활동은 생명주기에 대한 많은 지식을 줍니다. 아이의 주의력과 차분함, 인내심을 길러주고, 아이가 시간의 변화라는 개념을 쉽게 이해하도록 도와줍니다.

환경:

집에서

과정:

유기체의 생명주기를 보여주는 가장 간단하고도 흥미로운 방식 가운데 하나는 새싹을 기르는 것입니다. 날콩을 이용해보세요. 싹이 빨리 트기 때문에 아이들에게 큰 기쁨을 안겨줍니다.

아이와 함께 유리병 하나를 꺼내서 그 안에 종이

타월이나 솜을 깔아주세요. 아이가 직접 종이타월이나 솜 위에 콩을 놓게 해주세요. 단, 종이타월이나 솜 크기가 병에 딱 맞아야 움직이지 않고 같은 자리에 고정됩니다. 아이에게는 콩이 자라기 위해서는 주변에 따뜻한 보금자리를 둘러줘야 한다고 이야기해주세요. 이제 아이에게 병 속에 물을 조금 붓도록 해주세요. 그리고 종이가 물을 흡수할 때까지 약간 시간을 주세요. 필요하다면 아이에게 티스푼으로 물을 주도록 해서 물의 양을 더욱 잘 가늠하는 것도 좋습니다. 종이나 솜이 꽤 촉촉해지면 씨앗은 싹을 틔우기 위해 필요한 모든 것을 갖춘 겁니다. 잠시 콩에게 작별인사를 해주고, 잘 쉬라고 빌어주세요. 유리

병을 진열장 또는 천으로 덮은 바구니 안에 넣어두세요. 따뜻하고 어두운 환경을 만들어주기 위해서입니다. 아이에게 매 2시간 마다 물의 양을 확인하도록 하고, 종이가 거의 말랐을 때마다 물을 더해주자고 권해주세요. 믿음과 인내심을 가지고 처음으로 싹 틔우는 순간까지 함께 기다려주세요. 그리고 그 순간이 찾아오면 이 놀라운 삶의 기적을 축하해주세요! 그 다음으로는 유리병을 햇빛 아래에 두어야 하는 걸 잊지 마세요. 이제 새싹은 쑥쑥 자라기 위해 빛을 필요로 하니까요.

기다림은 어린아이들에게 지루할 수 있습니다. 병을 준비하는 과정에 아이도 똑같이 참여할 수 있게 해주시고, 콩을 병에 넣기 전에는 물이나 솜 같은 재료들을 가지고 놀 수 있게 해주세요. 준비 단계부터 시작해 유리병의 사진을 찍으면서 모든 변화를 기록으로 남겨도 좋습니다. 그 다음에는 아이가 사진을 순서대로 배열하면서, 새싹의 탄생과 성장이라는 다양한 단계들을 되짚어볼 수 있을 것입니다.

작은 호박화분으로
씨앗 기르기

준비물:

동그랗고 작은 호박 두 개, 계량스푼 또는 숟가락, 흙 한 팩, 칼, 물뿌리개

난이도: 중간

연령: 만 2세 이상

어른의 지도 필요

목표:

이 활동은 생명주기에 대한 많은 지식을 줍니다. 아이의 주의력과 차분함, 인내심을 길러주고, 아이가 시간의 변화라는 개념을 쉽게 이해하도록 도와줍니다.

환경:

집에서

과정:

이 활동은 인내심이 필요한 간단하고 재미있는 활동입니다. 동글동글한 오렌지색 작은 호박 두 개를 구해보세요. 칼로 호박 꼭대기를 잘라내세요. 마치 호박 꼭대기가 뚜껑이고 호박은 냄비인 것처럼요. 아이와 함께 호박 안에 얼마나 많은 씨앗이 들어있나 관찰해보세요. 그 다음에는 가장 재미있는 부분으로 작업을 계속 이어가세요. 계량스푼이나 숟가락으로 흙을 떠서 호박 안을 채우는 겁니다. 흙이 안쪽으로 골고루 들어가게 잘 배분해주세요. 한 번에 조금씩 물을 뿌리세요. 흙이 촉촉하게 젖되 물이 호박 밖으로 넘쳐흐르지 않게 조심하세요. 아이에게 양을 가늠하는 법을 알려주세요. 아이가 배운 것을 활용해 숟가락이나 계량컵, 아니면 어린이용 물뿌리개(작은 구멍이 있어요)로 물을 더하게 해주세요. 호박이 공기와 햇볕을 마음껏 누리도록 바깥으로 옮겨준 뒤, 정기적으로 물을 듬뿍 줍니다. 이제 결과를 보려면 며

칠 정도 걸릴 테니 인내심을 아주 크게 가져야하지만, 아이에게 믿음을 가지라고 격려해주세요.

더 어린 아이들에게는 기다림이 지루할 수 있으니, 준비작업에 참여시켜주세요. 흙과 물의 변화를 가지고 놀 수 있게 자리를 마련해주고, 깜짝선물을 기다리는 것처럼 기다림은 흥미롭고 재미있다는 것을 알려주는 겁니다. 매일 몇 분 정도 관찰하는 시간을 가지고 호박이 어떻게 변하는지 살펴보세요. 씨앗과 대화를 나누고 물도 줍니다.

다시 한 번, 새싹이 자라는 과정을 사진으로 담아도 좋습니다.

비 온 뒤 달팽이 만나러 나가기

준비물:

레인부츠 한 켤레

목표:

이 활동은 아이가 바깥에 살고 있는 작은 동물의 세계에 한 발 더 가까이 다가갈 수 있게 해줍니다. 집중력과 인내심 그리고 차분함을 기르는 훈련이 됩니다.

환경:

마당이나 안뜰, 숲, 공원 또는 채소밭에서

과정:

비가 오는 날은 아이가 날씨와 자연의 힘에 관해 알게 되는 훌륭한 기회입니다. 아이들은 슬픔이나 두려움 같은 감정을 경험하고, 날씨가 얼마나 변덕스러운지도 볼 수 있습니다. 그리고 비바람이 치고 난 뒤에는 재미를 느낄 수 있는 훌륭한 기회들도 많이

생깁니다. 예를 들어, 바깥에 나가서 달팽이를 찾아보세요! 이 작은 생명체는 원래 물에서 살았습니다. 그래서 다시 물에서 즐거운 시간을 보낼 수 있을 때마다 절대 그 기회를 놓치지 않습니다. 가장 흔히 볼 수 있는 달팽이들은 동그란 모양을 하고, 껍질에 줄무늬가 있거나 한 가지 색입니다. 달팽이들은 겨울잠을 자는 동안 땅속 깊숙이 숨어있지만 비가 올 때는 물을 마시러 바깥으로 나옵니다.

우선 인터넷이나 백과사전으로 아이와 함께 관찰해보세요. 그 다음 레인부츠를 신고 정원이나 마당, 숲, 공원이나 채소밭으로 나가서 달팽이들이 있다는 단서를 찾아봅니다. 달팽이들이 사는 곳에는 하얗고 미끈미끈하며 반짝이는 줄무늬가 남습니다. 벽이나 돌, 나무뿌리 부근, 아니면 잎사귀 밑에서 살펴볼 수 있습니다. 즐겁게 달팽이들을 찾아보세요. 달팽이들은 숨기를 좋아하고, 능숙하게 어딘가에 올라갈 수 있으며, 엄청난 느림보라는 사실을 기억해주세요. 일단 달팽이를 찾으면, 달팽이가 움직이는 방향을 존중해주면서 방해하지 말고 조용히 관찰해봅시다.

121

작은 새들을 위한 집 만들기

준비물:

나무집, 나무상자 또는 우유갑, 포스터물감

목표:

이 활동은 실용적인 기술을 기르고 소근육을 발달시키는 데 좋습니다. 그리고 아이가 새들의 세계에 한층 더 가까워지게 해줍니다.

환경:

집에서

과정:

아이에게 아주 흥미로운 또 다른 경험으로 새들에게 직접 만든 둥지를 선물해주는 활동이 있습니다. 시중에 파는 이미 만들어진 나무집을 활용해서, 자연과 닮은 중성색깔로 칠해보세요. 아니면 나무판자를 가지고 직접 만들어봐도 좋습니다. 또는 중간 정도 크기의 높은 나무상자를 사용할 수도 있는데 앞부분

난이도: 높음

연령: 만 3세 이상

어른의 지도 필요

에 구멍을 뚫어주면 됩니다. 또는 단순한 우유갑을 활용해서, 너비가 넓은 면 위쪽에 새들이 드나들 수 있는 구멍을 뚫어주면 됩니다. 구멍의 지름은 약 2.5 센티미터 정도가 되어야 합니다. 그래야 작은 새들에게 알맞거든요. 집을 정기적으로 청소하려면 한쪽 면이 열리게 만들어야 합니다. 그리고 바닥에는 물

이 빠지고 공기가 통하도록 구멍 네 개를 뚫어주세요. 주변과 어우러질 수 있게 색깔을 칠해주세요. 사람들이 자주 지나다니지 않는 외딴 곳에, 조심조심 높이 매달아주세요. 작은 새들이 찾아올 때까지 기다렸다가 존중하는 마음으로 조용하게 새의 습성을 관찰합니다.

아삭아삭 샐러드 채소 기르기

준비물:

양상추 한 통, 칼, 유리병, 물 한 병, 나무상자, 흙 한 봉지, 작은 갈퀴

목표:

이 활동은 소근육을 발달시키고 아이의 차분함과 인내심을 길러줍니다. 아이가 생명주기와 시간의 변화라는 개념을 이해하는 데 도움이 됩니다.

환경:

집에서

과정:

누구나 텃밭이 있지는 않습니다. 하지만 텃밭이 없더라도 집에서도 발코니 공간이나 창틀을 활용해서 과일이나 채소를 기를 수 있습니다. 예를 들어 양상추를 길러봅시다. 양상추 한 통을 사서 바깥 잎을 제거하고 밑동을 잘라내세요. 약 1.5센티미터 정도 깊이로 흙을 채운 용기에 잘라낸 밑동을 심고, 바닥을 덮을 만큼 물을 조금 부어줍니다. 그 후 창문에 이 용기를 놓아주세요. 조금만 인내심을 가지면 2주 안에 첫 번째 잎사귀가 돋아날 거예요. 매일 물을 갈아주고, 잎사귀들이 눈에 보일 만큼 났을 때 이 작은 양상추를 옮겨줍니다. 꽃병이나 작은 나무상자, 토분 같은 용기로 양상추를 옮긴 뒤 아이가 즐겁게 나머지 흙을 채울 수 있게 해주세요. 그 후 다시 창가로 옮겨서 며칠 더 기다려주세요. 이제 신선한 샐러드를 즐길 수 있습니다!

발코니 텃밭 가꾸기

준비물:

나무상자, 토분, 또는 다양한 깊이의 화분(적어도 깊이가 40센티 이상은 되어야 해요),
자갈이나 돌멩이 한 봉지, 화분용 영양토 한 봉지, 키우고 싶은 채소의 모종, 물뿌리개, 비료 한 봉지

목표:

이 활동은 소근육을 단련시킵니다. 그리고 아이의 책임감과 차분함, 인내심을 기르는 데 도움을 주고, 시간에 따른 변화라는 개념을 익히기에도 좋습니다.

환경:

발코니에서

과정:

테라스나 넓은 발코니가 있다면 작은 규모의 텃밭을 만들어 채소와 함께 활기를 느껴보세요. 다양한 채

난이도: 높음

연령: 만 3세 이상

어른의 지도 필요

소를 기르기 위해 다양한 크기의 용기를 모아보세요. 토분이나 나무상자, 아니면 적어도 깊이가 40센티 정도 되는 재활용 용기도 좋습니다. 예를 들어, 주키니 호박을 심으려면 너비는 50센티미터에서 65센티미터 정도, 깊이는 40센티미터에서 50센티미터 정도 되는 용기를 선택하세요. 토마토, 고추, 가지, 감자, 그리고 오이는 너비 40센티미터에서 50센티미터, 깊이 30센티미터에서 40센티미터 정도 되는 용기에서 잘 자라요. 양상추, 양파, 바질, 파슬리, 마늘은 직경이 18센티미터에서 30센티미터 정도, 깊이는 15센티미터에서 18센티미터 정도 되는 작은 공간으로 충분합니다.

아이가 화분 밑 부분에 자갈 한 움큼을 넣게 해주세요. 이제 영양토로 화분을 채우도록 도와줍니다. 심기로 한 채소의 모종을 안에 넣고, 뿌리를 흙으로 꼭꼭 잘 덮었는지 확인해보세요. 물을 충분히 주고 햇볕과 공기도 넉넉히 쏘이도록 해주세요. 토마토의 경우 대나무를 대어줘야 합니다. 한 달에 한 번 비료를 조금 줍니다. 흙이 항상 축축한지 확인하고, 약간의 물을 주기적으로 줍니다. 인내심과 끈기가 필요하지만, 몇 달 후 작은 식물들이 활기차게 자라날 겁니다.

집에서 화초 돌보기

준비물:

실내용 화초(잎이 클수록 좋아요), 물뿌리개, 낡은 천 조각

목표:

이 활동은 살아 있는 존재들에 대해 책임감을 키워줍니다. 행동을 순서대로 계획하고 미래에 수행해야 할 일을 기억하는 것이 필요하기 때문에, 원인과 결과의 관점에서 아이의 논리력과 자제력을 키우는 데 도움이 됩니다.

환경:

집에서

과정:

실내용 화초도 자연의 세계와 가까워질 수 있는 좋은 기회를 선사합니다. 커다랗고 초록초록한 잎을 가진 화초를 선택해서, 아이에게 물을 주는 임무를 부여해주세요. 아이에게 작은 물뿌리개와 낡은 천을 준비해주세요. 그리고 묘목에게는 일주일에 몇 번 아이의 손길이 필요하다고 알려주세요. 흙이 말랐는지 확인하고 필요할 때마다 물을 줘야 한다고 설명해주세요. 잎사귀에 앉은 먼지를 확인하고 젖은 천으로 닦아줘야 한다는 이야기도 해주세요. 아이는 나무에게 빛이 필요하다는 사실을 기억하고, 따라서 집에서 항상 볕이 잘 드는 곳에 두되 직사광선에 노출된 것은 아닌지 확인해야 해요. 필요한 경우 일 년에 한 번 더 큰 화분으로 화초를 옮겨 심고, 뿌리가 잘 자라는지 돌봐야 합니다. 이때 아이가 곁에서 도울 수 있게 해주세요.

작은 아이들은 천으로 잎사귀를 닦으며 운동기능을 연습할 수 있어요. 그리고 화초에 물을 주는 것을 잊지 말라고 곁에서 계속 귀띔해주세요.

새들을 위한 씨앗 주머니 만들기

준비물:

마가린 200그램(약 2조각), 옥수수가루 한 컵, 밀가루 한 컵, 갈색 설탕 또는 사탕수수 설탕 한 컵,

해바라기씨, 소보로 가루, 다진 견과류(호두, 헤이즐넛 등), 땅콩, 사과 한 조각, 압착귀리, 떡, 그리고 그물로 된 봉지 3개 이상

목표:

이 활동은 소근육을 발달시켜주고 아이가 새의 세계에 한층 더 가까워질 수 있게 해줍니다. 작은 생명체가 가까이 다가와 먹이를 먹는 모습을 지켜보며 아이는 자신이 한 작업에 만족하고 즐거워하게 됩니다.

환경:

집에서

과정:

가장 추운 계절이 다가오면 우리는 우리의 작은 새 친구들을 떠올리고 이 친구들이 겨울을 날 수 있게

난이도: 중간

연령: 만 2세 이상

어른의 지도 필요

영양가 있는 먹이를 준비해줘야 합니다. 아이와 함께 여러 개의 유리잔(또는 요거트 용기)을 준비하고 이 책에서 추천하는 재료들 가운데 집에 있는 것들을 사용합니다. 모든 씨앗과 가루들을 우묵한 그릇에 넣고 섞습니다. 몇 분 동안 가열기구나 전자레인지로 마가린을 데우고, 마가린이 완전히 녹으면 미리 씨앗과 가루를 섞어 두었던 그릇에 부어줍니다. 처음에는 나무숟가락으로 반죽을 섞어주고, 그 후에는 아이가 손으로 반죽하도록 해주세요. 테니스공 정도의 크기로 동글동글하게 반죽을 빚고 굴리다가 냉장고에 넣고 식힙니다. 그리고 그물로 된 봉지에 동그란 반죽을 하나씩 넣어주세요. 그 후 그물을 묶어서 약간 높은 곳에 매답니다. 그래야만 고양이나 다른 잠재적인 포식동물들로부터 먹이를 보호할 수 있거든요. 그물봉지가 없다면 오렌지를 사용해도 좋아요. 오렌지를 반으로 잘라 속을 파낸 뒤 반죽을 넣어 창가나 선반 높은 곳에 두면 된답니다. 첫 번째 새 손님이 찾아올 때까지 아이와 기다려주세요. 아이가 작은 손으로 조물조물 열심히 만들어낸 그 먹이 공을 새가 먹는 모습을 보는 것은 아주 흐뭇한 일입니다!

어떤 새가 먹이를 먹으러 집으로 찾아오는지 인터넷이나 백과사전에서 찾아보세요. 이 새가 무슨 종이며 어떻게 사는지 아이에게 관련정보를 읽어주세요.

돋보기로 곤충 관찰하기

준비물:

돋보기

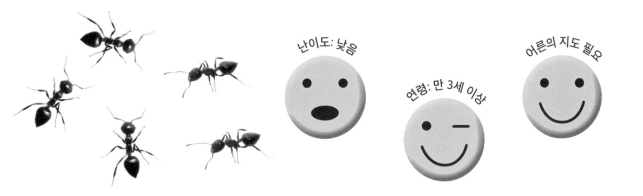

난이도: 낮음

연령: 만 3세 이상

어른의 지도 필요

목표:

이 활동은 아이의 관찰력과 선택적 주의력 그리고 집중력이 필요합니다. 그리고 자제력과 인내심을 키울 수 있는 활동입니다.

환경:

마당, 채소밭, 공원, 바닷가, 나무가 우거진 곳 또는 안뜰에서

과정:

어느 장소이든 잠재적으로 자연의 세계와 그곳에 살고 있는 작은 동물들을 탐구할 수 있는 훌륭한 기회를 제공합니다. 공원이나 정원, 아니면 그냥 뒷마당에 갔을 때 아이에게 돋보기를 가져오도록 하세요. 우선은 아이에게 돋보기가 무엇이고 어떻게 사용하는 것인지 보여주세요. 그 다음에는 우리 탐험가가 자유롭게 곤충의 세계를 발견하도록 내버려두세요. 아이에게 풀밭이나 모래 위에, 아니면 바위나 나무 뿌리 위에 걸터앉자고 하세요. 그리고 돋보기를 땅 가까이에 가져와서 발견할 수 있는 모든 것을 찬찬히 살펴 보자고도 제안해보세요. 한 줄로 줄지어 기어가는 개미군단, 풀잎에 매달린 작은 무당벌레, 아니면 집을 짓고 있는 거미들을 발견할 수 있을 겁니

다. 함께 곤충들을 관찰하려 발걸음을 멈추고, 더 자세히 보기 위해 돋보기를 가까이 대보세요. 곤충이 기어서 도망가 버리지 않도록 천천히 조심조심 움직이고 숨을 참는 시간을 즐겨보세요. 곤충 한 마리 한 마리의 신체적 특징과 습성을 관찰해보세요.

모형 정원 꾸미기

준비물:

나무상자 또는 네모난 쟁반, 곱고 하얀 모래 한 봉지, 작은 갈퀴, 매끈매끈한 흰색이나 검은색 돌, 양초

목표:

이 활동은 아이에게 차분함과 집중력을 길러줄 수 있습니다. 그리고 미래에 수행해야 할 일을 기억하는 연습을 할 수 있고 책임감을 키워주기도 합니다.

환경:

집에서

과정:

작은 모형 정원(일본식)을 가꾸며 생명을 상징하는 자연 요소와 교감해봅시다. 상자나 쟁반처럼 납작한

난이도: 중간

연령: 만 3세 이상

어른의 지도 필요

용기를 찾아보세요. 아이와 함께 고운 흰 모래를 그 안에 붓고, 전체 표면을 덮도록 골고루 펼쳐주세요. 이제 작은 식물과 양초, 꽃, 아니면 막대기 같은 것들로 정원을 장식합니다. 아이에게 처음에는 손가락으로, 그 다음에는 작은 갈퀴로 모래 위에 선과 원, 아니면 다른 모양들을 그려보라고 제안해보세요. 모래가 용기 밖으로 새어나가지 않도록 천천히, 그리고 정밀하게 움직여야 합니다. 아이가 원하는 모양을 만들어내도록 내버려두세요. 작은 식물에 정기적으로 물을 주고 깨끗이 손질하면서 어떻게 돌보면 되는지를 시범으로 보여주세요. 그 다음 아이가 스스로 식물을 돌봐야 한다는 점을 기억하게 해주세요.

135

△▽△▽　　자연에서 발견하기　　△▽△▽

마리아 몬테소리가 항상 주장한 것이 있습니다.

아이의 인지발달을 촉진하는 과정에서 세상을 구성하는 요소를 포함해 이 세상이 어떻게 작동하는지에 관해 아이들이 잘 정리해서 범주를 만들게 도와주는 것이 유익하다는 점입니다. 아이들이 실제로 직접 경험하며 배우도록 격려하는 것도 매우 중요합니다. 그리고 아이들이 현실에 대해 명료하고 완전한 모습을 구성할 수 있게 도와줘야 합니다. 이렇게 만들어진 개념은 단순한 언어적 커뮤니케이션을 통해 제공받는 지식보다 훨씬 더 자산이 됩니다.

자연의 세계는 아이가 지식을 키워나가는 데 사용할 수 있는 정말 많은 개념들을 제공해줍니다. 아이의 호기심을 자극하고, 질문을 던지며, 또 그 답을 찾을 수 있게 귀띔해주기도 합니다. 개인적인 흥미와 호기심, 내재적 동기를 바탕으로 뭔가를 배울 때, 그 배움은 더 건강하고 더 오래 지속됩니다.

따라서 어린 시절부터 아이가 흥미를 가지는 영역을 찾아내고, 또 막 피어나는 열린 마음에 알맞은 활동들을 제시해주는 것은 중요합니다. 공원에서 동물들을 보고, 밤의 소리에 귀를 기울이고, 별을 관측하거나 현미경으로 물건을 관찰하고, 아니면 자연의 물건을 이용해서 크기와 모양, 무게 같은 다양한 특성들을 개념화해보는 것도 좋습니다. 이 모든 활동들은 배움을 재미있고 도전적으로 만들어줍니다.

야외에서 남쪽과 북쪽을 구분하는 법

준비물:

카메라

목표:

이 활동은 아이가 자연세계를 탐험하는 동안 시공간적 협응을
더욱 잘 이해할 수 있게 도와줍니다.

환경:

숲이나 공원, 또는 정원에서

과정:

아이들은 자연의 세계를 참고해서 시공간적 협응을 일찍 이해할 수 있습니다. 나무가 우거진 지역, 공원, 아니면 정원으로 가봅니다. 그 후 커다란 낙엽수를 선택하되, 홀로 서 있는 나무면 더 좋습니다. 아이와 함께 나무를 살펴보세요. 나뭇잎이 더 많은 쪽이 있나요? 더 튼튼하고 잎이 무성하게 우거진 쪽이 있나요? 줄기와 가지가 한쪽 면으로 더 기울어져 있나요? 나무의 이쪽저쪽으로 난 가지들에 주의를 기울여보세요. 햇볕을 더 많이 받는 면에서 자라는 가지들은 해를 향해 수평으로 자라나는 경향이 있지만, 햇볕을 덜 받는 면에서 자라는 가지들은 위를 향해 자라는 경향이 있습니다. 또한 보통은 축축하고 어둑어둑한 환경에서 자라나는 초록이끼를 햇볕이 덜 들어오는 면 줄기에서 찾아볼 수도 있습니다. 이런 요소들을 정확히 찾아낼 수 있다면, 이는 남쪽을 향한 면과 북쪽을 향한 면을 구분할 수 있다는 의미입니다. 나중에 비교해볼 수 있게 두 가지 면을 구분할 수 있는 모든 특징들을 사진으로 남겨놓아도 좋습니다.

더 어린 아이들에게는 그늘이 더 많이 지는 쪽을 가리켜서 '북'이라고 부르고, 햇볕이 더 많이

드는 쪽을 가리켜서 '남'이라고 부르는 것으로도 충분합니다. 나이가 많은 아이들에게는 두 팔을 벌리고 나무 옆에 나란히 서서 북쪽을 바라보라고 해주세요. 오른손이 가리키는 방향이 해가 뜨는 곳이고, 왼손이 가리키는 방향이 해가 지는 곳이 됩니다.

바닷가 청소를 깨끗이

준비물:

라텍스장갑, 생분해 쓰레기봉투

목표:

이 활동은 환경을 보호해야 한다는 아이들의 인식을 높이기 위한 것입니다.

환경:

바닷가에서

과정:

바닷가에서 보내는 시간을 훌륭하게 활용할 수 있는 방법 중 하나는 비닐이나 버려진 병, 깡통 같은 쓰레기를 줍는 것입니다. 우선 아이와 함께 산책을 나섭니다. 쓰레기가 있는지 찾아보고 이 쓰레기들이 환경에 얼마나 큰 피해를 입히는지를 짚어보기 위해서입니다. 그 다음 아이와 함께 라텍스 장갑을 끼고 생분해 쓰레기봉투를 챙겨서, 왔던 길을 되짚어 가봅니다. 그리고 길에 보이는 쓰레기들을 모아서 알맞은 쓰레기통에 넣어주세요. 청소한 길을 다시 한 번 걸으면서 아이에게 깨끗해진 바닷가가 얼마나 아름다운지 이야기해주세요. 당연히 아이들은 질서와 청결함에 끌리기 때문에, 자신들이 한 작업이 가져온 결과에 매우 기뻐할 겁니다.

재활용품 분리수거 배우기

준비물:

상자 3개, 편지지 크기의 인쇄용지 3장, 마커펜(노랑, 초록, 파랑), 유리로 된 물건(유리병 등),
종이로 된 물건(파지 등), 플라스틱으로 된 물건(플라스틱 스푼 등)

목표:

이 활동은 아이들에게 다양한 물건들이 무엇으로 만들어졌고 이를 재활용 분리수거함에 분류해서 넣는 게 왜 중요한지 쉽게 이해하도록 해줍니다. 또한 아이들이 스스로의 힘으로 분리수거를 할 수 있게 도와줍니다.

환경:

집에서

과정:

쓰레기를 분리수거하는 법을 배우는 것은 중요하고 아이들에게도 유용합니다. 아이가 집에서 물건들이 정해진 장소에 놓여 있는 것에 익숙하다면(예를 들어, 아이의 장난감이 별개의 상자에 말끔하게 정리되어 있다면), 쓰레기를 여러 종류로 정리하는 문제를 쉽게 이해할 수 있습니다. 이는 세계가 깨끗해지고 분류되

는 방식의 일부이기도 하니까요. 아이와 함께 상자 세 개를 준비합니다. 동네에서 일반적으로 소재를 구분하는 색깔에 맞춰 상자마다 동그라미를 그려주세요(예를 들어, 파랑은 종이, 노랑은 플라스틱, 초록은 유리). 유리로 된 물건 하나, 종이로 된 물건 하나, 플라스틱으로 된 물건 하나 등 세 가지를 예로 들어봅시다. 아이가 이 세 종류의 물건에 익숙해지고 차이점을 구분하는 법을 배우게 해주세요. 예를 들어, 병은 유리로 되어 있는데, 유리는 단단하고(아이가 손가락으로 유리를 톡톡 두드려서 그 경도를 느끼게 해주세요) 투명한(아이가 유리를 통해 반대편을 보게 해주세요) 물질입니다. 이제 아이에게 유리병을 초록상자에 넣는 모습을 보여줍니다. 종이와 플라스틱 물건을 가지고도

똑같이 해주세요. 이제 아이와 함께 집안을 둘러보며 종이와 플라스틱, 유리로 만들어진 물건들을 찾아봅시다. 각 물건을 적합한 상자에 넣는 활동을 게임처럼 해보세요. 물건들을 섞어놓은 뒤 아이가 이를 각각의 상자에 다시 정리하도록 해주세요.

아이가 익숙해지면 잡지나 온라인에서 이 세 가지 소재로 된 물건들의 사진들을 모아보세요. 가능하다면 집에서 가장 흔하게 사용하는 물건들의 사진을 찾는 게 좋아요. 아이와 함께 이 사진들을 소재별로 구분해서 종이 세 장에 각각 풀로 붙입니다. 그리고 이 콜라주를 집에 있는 다양한 쓰레기통에 붙여주세요. 이런 식으로 아이들은 여러 종류의 쓰레기를 어디에 버릴지 쉽게 기억할 수 있습니다.

과일 씨로 크기 비교하기: 크다/작다

준비물:

아보카도, 체리, 자두, 복숭아, 살구, 망고, 배나 사과, 감귤류, 올리브, 수박, 포도(또는 집에 있는 아무 과일)의 씨

목표:

이 활동은 아이들이 오감을 통해 비교함으로써 크기의 개념을 정리할 수 있게 도와줍니다.

환경:

집에서

과정:

아이 앞에 여러 가지 과일 씨를 늘어놓고 하나하나 살펴보게 해주세요. 촉감을 통한 탐색은 언제나 개념과 범주를 구성할 수 있는 훌륭한 방법입니다. 아이에게 눈을 감고 손바닥을 내밀게 해서 다양한 차원으로 놀이를 시작할 수 있습니다.

한쪽 손에 커다란 과일 씨를 놓은 뒤 아이에게 주먹을 꽉 쥐어보고 어떻게 느껴지는지 묘사하도록 해주세요. 쉽게 움켜쥘 수 있는지, 손을 완전히 오므릴 수 있는지, 아니면 조금만 오므릴 수 있는지 물어보세요. 그 후 다른 쪽 손에 좀 더 작은 과일 씨를 놓고, 손에 놓인 것을 설명해보게 합니다. 마지막으로 두 개 가운데 어떤 것이 더 큰 지 물어봅니다. 모든 씨를 가지고 놀이가 끝난 뒤에는, 아이가 그냥 눈으로 보는 것만으로 다양한 씨들을 다시 비교해볼 수 있게 해주세요. 아이는 과일 씨를 큰 것과 작은 것으로 나누어서 두 더미로 구분 지을 수 있을 겁니다. 마지막으로 아이가 크기에 따라 씨앗을 차례차례 줄 세울 수 있게 해주세요.

과일과 견과류의 무게 비교하기: 무겁다/가볍다

준비물:

피스타치오, 캐슈넛, 헤이즐넛, 호두, 아몬드, 땅콩, 사과, 레몬, 딸기, 요리용 저울

목표:

이 활동은 아이들이 오감을 통해 비교함으로써 무게의 개념을 정리할 수 있게 도와줍니다.

환경:

집에서

과정:

과일과 견과류는 무게의 개념을 익히는 데 꽤나 적합합니다. 여러 가지 과일과 견과류를 아이 앞에 늘어놓고 하나씩 탐색해보게 하세요. 아이가 감각을 비교하는 데 익숙해지도록, 한 손에는 사과를 올려놓고 무게를 가늠하게 한 뒤 자기만의 표현을 써서 설명해보라고 해보세요. 다른 한 손에는 작은 견과류나 씨앗을 올려놓고 같은 과정을 거친 뒤 아이에

게 다시 무게를 어림잡아 설명해보라고 하세요. 그 후 아이의 표현에 '무거운'과 '가벼운'이라는 형용사를 덧붙여서, 아이가 자신이 경험한 감각과 이 형용사들을 연계하는 법을 배울 수 있게 합니다.

이제 아이의 양 손에 각각 과일이나 견과류를 쥐었을 때 둘의 무게를 비교해보라고 해주세요. 무엇이 가장 무거운 것 같나요? 무엇이 가장 가벼운 것 같나요? 다양한 과일과 견과류를 가지고 이 활동을

반복한 뒤 서서히 비교의 대상을 바꿔보세요. 어느 시점에서는 무게 차이가 그다지 크지 않은 과일들을 가지고 아이들에게 어떤 것이 더 가볍거나 무거운지 추측해보도록 한 다음 요리용 저울로 비교해보는 것도 재미있습니다. 더 연령이 높은 아이들은 스스로 저울에 올린 과일의 무게를 읽을 수 있습니다. 마지막으로, 무게에 따라 무거운 순이나 가벼운 순으로 과일들을 차례차례 줄을 세워도 좋습니다.

과일과 채소 껍질의 두께 비교하기: 두껍다/얇다

준비물:

파인애플, 오렌지, 귤, 사과, 바나나, 복숭아, 살구, 비파, 당근, 감자, 오이, 주키니 호박, 감자칼, 쟁반이나 도마, 껍질을 벗기려는 과일이나 채소의 종류와 같은 수의 접시나 유리병

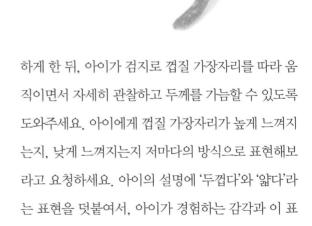

목표:

이 활동은 아이가 오감을 통해 비교함으로써 두께의 개념을 정리하는 데 도움을 줍니다.

환경:

집에서

과정:

우선, 가지고 있는 과일과 채소의 껍질을 벗겨 주세요. 아니면 과일이나 채소의 껍질을 벗길 때마다 조금씩 남겨두세요. 이 껍질들을 유리병에 넣어서 아이 앞에 놓아주세요. 아이가 유리병을 하나씩 관찰하게 한 뒤, 아이가 검지로 껍질 가장자리를 따라 움직이면서 자세히 관찰하고 두께를 가늠할 수 있도록 도와주세요. 아이에게 껍질 가장자리가 높게 느껴지는지, 낮게 느껴지는지 저마다의 방식으로 표현해보라고 요청하세요. 아이의 설명에 '두껍다'와 '얇다'라는 표현을 덧붙여서, 아이가 경험하는 감각과 이 표현들을 연계하는 방법을 가르쳐주세요.

활동을 계속 이어가봅시다. 아이가 오렌지 껍질

한 조각을 집어서 혼자 힘으로 두꺼운지 얇은지 알아차릴 수 있도록 관찰하고 만져보라고 권해주세요.

배나 복숭아 껍질처럼 눈에 띌 정도로 얇은 껍질로도 해봅니다. 그 다음 아이에게 만져본 껍질의 두께를 비교해서, 가장 두꺼운 껍질과 가장 가벼운 껍질을 구분할 수 있는지 물어보세요.

연령이 더 높은 아이의 경우 종이에 껍질의 두꺼운 정도를 따라 그리면서 가장자리의 '높이' 차이를 더욱 쉽게 관찰할 수 있습니다. 좀 더 객관적으로 비교해보기 위해 자로 두께를 재봐도 됩니다.

사물 표면의 질감 비교하기: 거칠다/부드럽다

준비물:

코코넛, 호두, 사과, 레몬, 솔방울, 바질잎, 세이지 잎, 장미꽃잎

목표:

이 활동은 아이가 오감을 통해 비교함으로써 다양한 물리적 특성을 정리해보도록 도와줍니다.

환경:

집에서

과정:

촉감을 통해 과일을 탐구해보는 일은 다양한 감각과 친숙해질 수 있는 좋은 기회를 제공합니다. 찾을 수 있는 만큼 다양한 자연의 물건을 아이 앞에 늘어놓고, 하나하나씩 살펴보도록 해주세요. 촉감을 다루는 데에서 놀이를 시작해봅시다. 아이가 두 눈을 감

고 이 물건들을 만져보며 탐색하게 한 뒤, 눈을 뜨고 다시 살펴보게 해주세요. 물건을 한 번에 하나씩 만져보면서, 자유롭게 단어를 선택해 어떻게 느끼는지 설명해보게 하세요. 그 후 아이의 설명에 '거칠다'와 '부드럽다'라는 표현을 더해서, 아이가 경험하는 감각과 이 표현들을 연계하는 법을 가르쳐주세요.

이 물건들을 충분히 가지고 논 뒤 아이가 거칠다고 생각하는 무리와 부드럽다고 생각하는 무리로 나눠보라고 하세요. 이 활동은 다른 물리적 특성을 주제로도 해볼 수 있습니다.

생명주기를 표현하기

준비물:

사과 한 알, 사과 심, 사과 씨, 사과 잎, 잎자루(줄기),
사과 꽃, 인쇄용지, 색연필, 카메라, 상자 또는 종이봉지

목표:

이 활동은 아이에게 시간의 흐름에 따른 변화와 생명의 발달이
라는 개념을 배울 수 있게 도와줍니다.

환경:

과수원 또는 집에서

과정:

생명이 어떻게 생겨나고 발달하는지 알기 위해 가장
효과적인 방법은 생명이 변화하는 동안 직접 관찰
하는 겁니다. 아이와 함께 과수원에 가서 사과나무
등 이미 열매가 열린 나무를 골라보세요. 그리고 이
렇게 물어보세요. 이 나무는 어떻게 자라났을까? 그
다음, 사과 꽃이 피어있다면 꽃을, 아니면 그냥 나뭇
잎을 딴 뒤 사과도 한 알 따세요. 사과를 반으로 잘
라서 어느 부위에 씨앗이 자리 잡고 있는지 아이에
게 보여주세요.

　집에 돌아와서 상자에 생명주기와 관련해 모은 재
료들을 담은 뒤 사과의 일생을 그림으로 나타낼 준
비를 합니다. 종이 전체에 꽉 찰 만큼 커다란 원을

그리세요. 그 후 종이 밑 부분에는 과수원에서 본 사과나무를 그리거나 사과나무 사진을 붙이세요. 그 다음 원의 왼쪽 부분에 풀로 사과 꽃을 붙입니다(사과 꽃을 발견하지 못했다면 그림으로 그려도 괜찮아요). 그 후, 원의 윗부분으로 조금 더 올라가 씨앗이 들어 있는 사과심을 놓아두세요. 원을 따라 움직이다가 다음 장소에는 사과 씨 몇 개를 놓습니다. 그러고 나서 사과의 싹이 자라는 모습을 그림으로 그려보세요. 마지막으로, 사과 잎을 놓습니다. 원이 완성되면, 처음부터 다시 시작할 수 있습니다. 아이와 함께 원의 순서대로 따라가며 그림을 복습해보세요. 그 후 모아두었던 재료들을 무작위로 섞고, 다시 아이가 그림 위에 순서대로 배열해보도록 합니다.

　사과 외에도 더 다양한 과일과 식물들로 그림을 만들어보세요.

물웅덩이에 비치는 햇빛

준비물:

레인부츠와 작은 병에 담긴 기름

목표:

이 활동은 아이가 간단한 물리적 현상을 아주 가까이에서 살펴 볼 수 있는 기회가 되고, 호기심과 관찰력을 길러줄 수 있습니 다.

환경:

커다랗고 넓은 물웅덩이가 있는 마당이나 공원, 또는 길거리에서

과정:

비가 온 뒤 바깥에 나가는 일은 언제나 새로운 배움의 기회가 됩니다. 예를 들어, 아이와 함께 물웅덩이에서 햇빛이 물에 반사되는 방식을 볼 수 있습니다. 레인부츠를 신고 물웅덩이를 찾아나서 봅시다. 햇빛이 물웅덩이에 비치는 방식은 마치 거울과 같아서, 주변을 둘러싼 형상들을 반사합니다. 그 모습을 함

께 관찰해보세요. 웅덩이 가장자리에 가까이 다가가서 아이의 모습이 물에 비치는 것을 보여주세요. 그 후에는 웅덩이에 돌멩이를 던져보는 등 몇 가지 변화를 줘도 좋습니다. 그리고 나면 물웅덩이에 기름 몇 방울을 떨어뜨려서 이 기름막이 어떻게 무지개색을 만들어내는지 지켜보세요.

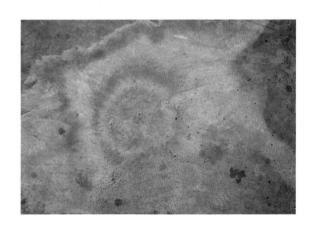

과수원에서 과일 따기

준비물:

과수원이나 채소밭에서 찾아볼 수 있는 종류의 과일이나 채소(사과, 배, 당근, 바질 등)를
슈퍼마켓에서 미리 구입해둡니다.

목표:

이 활동은 아이들이 자연에서의 경험을 즐기고 과일과 채소의
실제 특성을 익히는 데 도움이 됩니다.

환경:

과수원과 집에서

난이도: 중간

연령: 만 3세 이상

어른의 지도 필요

과정:

아이에게는 자연에서 진짜로 만나볼 수 있는 과일과 채소에 친숙해지는 경험이 아주 유용합니다. 아이와 함께 과수원이나 정원에 가서, 사과나무 같은 나무 한 그루를 골라보세요. 아이와 함께 열매를 하나 따서 그 열매의 크기와 색상, 결함, 그리고 향기 같은 특징들을 글로 기록해봅니다. 과수원에서 딴 과일을 집으로 가져와서, 이번에는 슈퍼마켓에서 산 똑같은 종류의 과일과 비교해보세요. 모양과 냄새, 맛에서 어떤 차이가 있나요? 아이와 함께 이야기를 나눠보세요. 이 활동은 다양한 과일과 채소를 가지고 여러 차례 반복해볼 수 있습니다.

또한 아이가 과일을 따는 활동에 참여할 수 있게 해주세요. 아주 흥미롭고 재미있는 시간을 보낼 수 있습니다.

밤의 자연을 만나보기: 밤나들이

준비물:

손전등, 망원경, 캠핑의자, 상자

목표:

이 활동은 자연에 대한 아이의 호기심을 자극해주고, 자제력과 인내심을 연습하게 도와줍니다. 그리고 청각과 시각을 통해 집중적으로 주의를 기울이는 연습을 할 수 있습니다.

환경:

정원과 공원 또는 숲에서

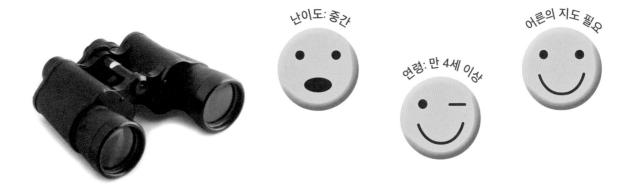

과정:

밤이 되면 완전히 다른 세계가 펼쳐져서 가끔 낯설게 느껴질 수 있습니다. 우리는 보통 낮에만 자연을 탐험하니까요. 그러나 더운 여름밤이면 아이와 함께 바깥에 나가서 정원이나 공원, 또는 숲속 캠핑장에 머물며 야행성 동물을 관찰하는 것도 즐거운 경험이 됩니다. 준비할 것은 작은 망원경과 손전등, 그리고 차분한 마음입니다. 밤에는 소음을 만들거나 갑작스레 움직이지 않기 위해 낮보다 훨씬 더 조심해야 합니다. 아이에게 눈과 귀를 활짝 열고 침묵을 지키자고 하면서 아이의 호기심을 자극해주세요. 그리고 누가 먼저 귀뚜라미나 박쥐의 소리, 모기가 앵앵거리는 소리, 아니면 반딧불이 반짝이는 모습을 찾아내는지 시합해보세요. 달빛이 풍경을 밝게 밝혀주는 모습을 지켜보세요. 아니면 그저 수풀이나 나무, 아니면 화단 옆에 자리를 잡고 앉아서 곤충들이 나타나는지 관찰해도 됩니다. 침묵과 고요함을 함께 즐겨봅시다. 그 후, 밤에 마주쳤던 동물들을 인터넷이나 백과사전에서 찾아보고 그 동물들이 어떻게 살아가는지 알아보면서 아이의 호기심을 자극해주는 것도 좋습니다.

밤 산책을 하며 만날 수 있는 모든 동물의 사진을 오려내거나 인쇄해서 상자에 모아두면, 이 사진들을 활용해 다양한 분류게임을 해볼 수도 있습니다.

망원경으로
달과 별 관측하기

준비물:

망원경과 상자

목표:

이 활동은 아이들이 과학과 천문학의 세계에 더욱 익숙해지도록 도와줍니다. 그리고 호기심과 답을 찾으려는 욕망을 불러일으킬 수도 있습니다.

환경:

테라스, 발코니 또는 마당에서

과정:

밤 시간을 발견하는 또 다른 매력적인 방식은 발코니, 정원이나 마당, 또는 어딘가 야외에 나가서 망원경을 통해 하늘을 지켜보는 것입니다. 우선 아이에게 망원경이 무엇인지, 어떻게 작동하는지 설명해주세요. 그 후 아이가 자유롭게 하늘을 탐구할 수 있

게 해주세요. 혼자 힘으로 달이나 별을 조준해볼 수도 있고, 무엇을 찾아볼지 결정하며 자기가 찾아낸 것에 큰 흥미를 느낄 수 있습니다. 서두르지 말고 차분하고 정확하게 밤하늘을 관측하며 아이의 인내심을 키워주세요. 아이에게 눈에 보이는 모든 것을 묘사해보라고 제안함으로써 아이의 호기심과 알고 싶은 욕망을 북돋을 수도 있습니다. 자연스레 질문이 생길 수 있는데, 이럴 때 백과사전이나 인터넷을 찾아 대답해주면 됩니다. 이번에도 별자리나 행성, 달, 태양, 지구 등을 인쇄한 사진들과 찾을 수 있는 모든 정보를 상자 안에 모아둡니다. 태양계와 별자리를

즐겁게 그려보게 하세요. 달의 변신에 관심을 기울여서 밤하늘에서 그 모습을 알아차리게 하세요. 여러 날에 걸쳐, 일 년에 여러 차례 관찰을 반복해봅니다. 그리고 구름 위에서 벌어지는 모든 변화들을 정보의 상자 안에 차곡차곡 정리하도록 해주세요.

해가 뜨고 해가 지는 것 관찰하기

준비물:

상자 두 개, 인쇄용지 두 장, 색연필, 카메라, 알람시계

목표:

이 활동은 아이의 관찰력을 길러주고 낮 동안 해가 어떻게 움직이는지를 개념적으로 이해하는 데 도움을 줍니다.

환경::

집에서

과정:

아이가 해가 하는 역할에 관심을 표하기 시작하면, 낮 동안 해가 어떻게 변화하는지 관찰하는 활동이 흥미로워집니다. 특히 해가 뜨는 시간과 해가 지는

시간에 무슨 일이 벌어지는지 함께 관찰해보자고 제 안해보세요. 아이와 함께 종이 한 장에는 해가 뜨는 모습을 그리고, 다른 한 장에는 해가 지는 모습을 그려보세요. 두 개의 상자를 준비해서 한쪽에는 해 뜨는 그림을, 다른 한쪽에는 해 지는 그림을 붙이세요. 그리고 하루에 두 번, 일출과 일몰시간에 볼 수 있는 모습을 상징적으로 보여주는 사진과 물건들로 각 상자를 채우세요.

몇 시에 해가 뜨고 지는지 확인해서 알람을 맞춰 둡니다. 기회가 있으면 테라스나 발코니에서 일출과 일몰을 지켜보고 빛의 변화가 가져오는 효과를 더욱

자세히 관찰해봅시다. 아이와 함께 색을 관찰하고 소리와 냄새, 온도에 관심을 기울여보세요. 흥미롭 게 느껴지는 부분을 사진으로 찍어서 상자에 모아두 세요.

다양한 장소에서 다시 한 번 이 활동을 해보면 일 출과 일몰의 새로운 면을 발견할 수도 있습니다. 무 엇보다도, 일 년 동안 다양한 시기에 이 활동을 반복 하면서, 계절이 달라지면 해가 뜨고 지는 데에 어떠 한 변화가 생기는지 살펴보세요. 그 후 사진들을 활 용해 일출과 일몰을 비교하고 대조해볼 수 있습니다.

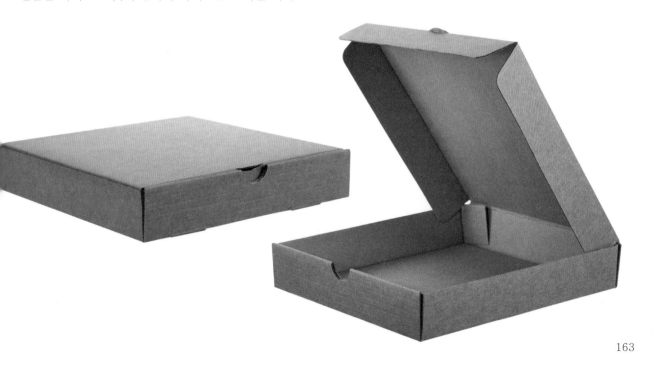

"A child needs to live naturally,
and not only to know nature."

_ Maria Montessori

"아이는 자연을 이해하고
자연의 이치에 따라 살아야 한다."

_ 마리아 몬테소리

몬테소리
자연과 놀이

초판 1쇄 인쇄 2022년 5월 16일
초판 1쇄 발행 2022년 5월 30일

지은이 키아라 피로디
옮긴이 김문주
펴낸이 양학민

디자인 엔드디자인

펴낸곳 파이어스톤
출판등록 2021년 7월 2일 제2021-000129호
주소 10388 경기도 고양시 일산서구 대산로 123, 현대프라자 3층 301-3D4
전화 031-911-6022 **팩스** 0508-927-0107
이메일 firestone.hit@gmail.com

ISBN | 979-11-976797-1-1 03590